科学新经典文

RELATIVITY

The Special and General Theory
(100th Anniversary Edition)

相对论

狭义与广义理论

[美] 阿尔伯特·爱因斯坦(Albert Einstein) 著
[以色列] 哈诺克·古特弗洛因德(Hanoch Gutfreund) [德] 于尔根·雷恩(Jürgen Renn) 编
涂泓 冯承天 译

人民邮电出版社
北京

图书在版编目（CIP）数据

相对论 : 狭义与广义理论 : 发表100周年纪念版 / (美) 阿尔伯特·爱因斯坦 (Albert Einstein) 著 ; (以色列) 哈诺克·古特弗洛因德 (Hanoch Gutfreund) , (德) 于尔根·雷恩 (Jürgen Renn) 编 ; 涂泓, 冯承天译. -- 北京 : 人民邮电出版社, 2020.8
(科学新经典文丛)
ISBN 978-7-115-53725-6

Ⅰ. ①相… Ⅱ. ①阿… ②哈… ③于… ④涂… ⑤冯… Ⅲ. ①相对论 Ⅳ. ①O412.1

中国版本图书馆CIP数据核字(2020)第049460号

◆ 著　[美]阿尔伯特·爱因斯坦（Albert Einstein）
编　[以色列]哈诺克·古特弗洛因德（Hanoch Gutfreund）
[德]于尔根·雷恩（Jürgen Renn）
译　涂　泓　冯承天
责任编辑　刘　朋
责任印制　陈　犇

◆ 人民邮电出版社出版发行　北京市丰台区成寿寺路11号
邮编　100164　电子邮件　315@ptpress.com.cn
网址　https://www.ptpress.com.cn
固安县铭成印刷有限公司印刷

◆ 开本：880×1230　1/32
印张：8.875　2020年8月第1版
字数：203千字　2025年10月河北第21次印刷
著作权合同登记号　图字：01-2019-5546号

定价：55.00元

读者服务热线：(010)81055410　印装质量热线：(010)81055316
反盗版热线：(010)81055315

版权声明

内容提要

1915 年 11 月，阿尔伯特·爱因斯坦的广义相对论最终定形了，此后他撰写了这本《相对论:狭义与广义理论》。这本书是为普通读者写的，在论述狭义和广义相对论的所有著作中一直是表述得最为清晰的读本之一。在爱因斯坦的这本名著的这一版本中，除了包含他的原著（译自权威英文译本）以外，还编入了哈诺克·古特弗洛因德和于尔根·雷恩撰写的 14 篇评注。这些评注剖析了爱因斯坦思想的演变过程，并且把他的理念放到一个现代的背景中进行讨论。本书对有史以来最伟大的科学天才之一提供了无价的洞察，同时还对过去各版本中的引言进行了独一无二的全面研讨，精选收入了一些早期版本的封面、沃尔特·拉特诺写给爱因斯坦的一封讨论此书内容的信，以及从爱因斯坦的手稿中选出的一些发人深省的内容。

诚如爱因斯坦在前言中所述，这本书是写给不熟悉理论物理的数学工具的普通读者的，而且试图以最简单、最通俗的方式来予以讲述，但读者仍需具备相当大的耐心和意志力。愿你在阅读过程中能够享受到思考的快乐。

中文版序言

2015 年，在广义相对论诞生 100 周年之际，我们推出了爱因斯坦的《相对论：狭义与广义理论》特别版。这是相对论革命的缔造者本人对这两个阶段所作的一个通俗性综述，至今仍然是对这些理论进行清晰解释的一篇杰作。我们编写的这个版本附有背景材料和一些评注论述，从历史背景和现代视角来审视爱因斯坦思想的演变。

英国天文探险队证实了广义相对论的预言，即来自遥远恒星的光线轨迹会由于太阳的引力场而发生弯曲，于是爱因斯坦一夜之间蜚声世界。他的这本通俗小册子在几年之内被翻译成 9 种语言，其中包括中文。中文版引起了公众的广泛兴趣。当时的中文版译者是夏元瑮——20 世纪 20 年代初将相对论引入中国的杰出先驱。夏元瑮在柏林遇到了爱因斯坦，并聆听了他的讲座。相对论在中国得到接受，以及爱因斯坦与中国科学界和知识界的关系，都有着悠久而独特的历史。今天，在这些关系建立 100 年之后，有人提议为中国读者翻译出版我们的这本爱因斯坦著作 100 周年纪念版，我们对此深表感谢。

如今，爱因斯坦在中国已经家喻户晓。很多大学都在教授他的理论，中国科学家在他开创的相对论和其他领域中都取得了重要的成就。由于他在我们理解宇宙方面所做出的贡献，因此连孩子们都知道他的名字，而广大公众尊重他的另一个原因是他为社会民主和正义所进行的斗争。不过，爱因斯坦的公众形象以及他的科学与 20 世纪中国引人注目的现代化进程之间的密切关系也许不那么为人所知，尽管有一些重要的学术著作论及这些问题，例如胡大年的研究[1]。我们以下的评论就是基于他的这些研究的。

爱因斯坦革命性的相对性理论在中国出版后不久就被人们接受并引起热烈的讨论。那些在日本受过教育的中国科学家对此发挥了关键作用。当时日本已经与西方科学界，尤其是德国科学界，建立了密切的联系。爱因斯坦的科学在中国占有一席之地，也得益于当时的文化和政治环境，特别是五四运动（因 1919 年 5 月 4 日发生的学生抗议运动而得名）。

巧合的是，正是在这些年里，爱因斯坦在全世界声名鹊起。这一方面是由于上文提到过的，他对光的引力弯曲的预言得到了惊人的证实；另一方面也是因为他在 20 世纪 20 年代初开始了广泛的旅行活动。1920 年，中国科学家邀请爱因斯坦访问中国，这确实非常迅速。他接受了在北京大学做一系列讲座的邀请，但是由于组织上的复杂性，最终他只在 1922 年至 1923 年间的那个冬天在去日本进行大范围访问的往返途中到过上海两次，每次只停留数日。

在早期的这些年中，爱因斯坦及其著作激起了中国知识分子的极大兴趣，并且广受赞同。得到这种赞同的，不仅是他的科学成就，还有他对社会正义、民主和解放事业的支持和参与。早在 1920 年至 1921 年间，英国哲学家、数学家伯特兰 · 罗素（Bertrand Russell）曾到访中国，而他在此前就已做过关于相对论的演讲。这也为相对论和爱因斯坦的观念深受欢迎做好了准备。

中国对爱因斯坦及其理论的早期反应截然不同于他的祖国——德国，更广泛地说，也截然不同于西方的一些国家。在德国，泛滥的反犹主义曾是“反相对论运动”背后的推动力之一。对比之下，中国从未存

[1] 胡大年. 爱因斯坦在中国[M]. 上海：上海科技教育出版社，2006.——译注

在过反犹主义。与大多数西方国家不同的是，对于狭义相对论和广义相对论带来的概念突破，中国早期的反应并没有被植根于经典物理学的偏见所影响。这是因为经典物理学当时在中国的教育体系中尚未站稳脚跟。爱因斯坦的中国崇拜者们对他的喜爱和忠诚获得了爱因斯坦的回报。充分体现这一点的事例是，他在 20 世纪 30 年代旗帜鲜明地反对日本对中国的侵略和占领。

20 世纪 50 年代和 60 年代，爱因斯坦在中国的影响有所减弱，但即使在这一时期，爱因斯坦的著作还在继续富有成效地得到接受，例如许良英及其团队编译了《爱因斯坦文集》的中译本。这一译本在 20 世纪 60 年代初开始编译，经过多番努力，直到 1976 年才得以出版。

在那之后，情况又有了迅速的变化。1979 年，北京举行了盛大的爱因斯坦诞辰 100 周年纪念仪式，这也有效地恢复了爱因斯坦在中国的影响力。爱因斯坦及其著作在中国的复兴是广义相对论在世界范围内复兴的一个组成部分，当时广义相对论与天体物理学和观测宇宙学已经变得密切相关。如今，中国科学家们在这些领域已经并正在做出极其重要的贡献。与此同时，爱因斯坦的哲学、政治和文化遗产也没有被遗忘，无论是在中国还是在其他地方都是如此。这提醒我们，科学所扮演的角色不仅仅是现代社会的一种生产力，而且是科学世界观的一个重要组成部分，从而也提醒我们，我们的追求是要去理解我们所生活的世界，是要去利用科学，而使之对于生活在这个世界中的所有居民而言，变成一个更加美好的地方。

这是爱因斯坦遗产的精髓。我们希望这本书的出版将有助于中国的科学界、公众和高中学生去理解和保护这一遗产。

哈诺克·古特弗洛因德和于尔根·雷恩，2020 年

目　　录

第一部分　狭义相对论

第二部分　广义相对论

第三部分　对宇宙整体的思考

附 录

阅读指南：14篇评注

外文版的历史与概况

附加文档

在引力方面获得的巨大成功令我极为高兴。我正在认真考虑在不久的将来写一本关于狭义和广义相对论的书，虽然如同所有没有强烈愿望支持的事情那样，要开始动手撰写，我还感到有困难。但是如果我不这样做，这一理论就不会被理解，尽管它从根本上说是很简单的。

阿尔伯特·爱因斯坦写给米歇尔·贝索的信

1916 年 1 月 3 日

赫尔曼·斯特鲁克（Hermann Struck）为阿尔伯特·爱因斯坦创作的一幅蚀刻版画。这位柏林艺术家为他那个时代的许多重要人物创作过这样的肖像画。在这本小册子的多个早期的外文版中都收录了这幅蚀刻版画。

引　言

爱因斯坦在 1915 年 11 月提交了他的广义相对论最终版本后，开始为科学界撰写该理论的一个综述。当时他已经在考虑写一本关于相对论的普及读物——既包括狭义相对论又包括广义相对论，正如他在给密友米歇尔·贝索（Michele Besso）的一封信中所指出的那样（引于本书卷首语中）。爱因斯坦在 1916 年 12 月完成了手稿，1917 年春天他的小册子（这是他本人的说法）《相对论：狭义与广义理论（一种通俗的叙述）》[*Relativity: The Special and the General Theory*（*A Popular Account*）][1] 德文版出版了。

爱因斯坦相信自然定律可以用一些简单的基本原理来表述，对简单性的这种追求表征了他的科学活动。他还认为，用简单的语言向公众解释这些原理并传达理解这些原理所能带来的愉悦和心满意足是他的职责。正如爱因斯坦在他的这本小册子的简短引言中所说，他“不遗余力地以最简单、最通俗易懂的方式”阐述那些主要思想（第 20 页），然而这本书并不是一本在通常意义上通俗的书。虽然它的格式、与读者的对话以及来自日常生活的例子也许都能为一般人所接受，而且它不应用数学公式，但它丝毫不缺乏科学的严谨性。读者很快就会发现，要领会爱因斯坦的思想和论证，还需要在智力上付出努力。

爱因斯坦在他的简短引言中还说，为了明晰起见，他频繁地重复

[1]　此书中文版标题译为《狭义与广义相对论浅说》，杨润殷译，北京大学出版社2006年出版。——译注

自己的话，“丝毫不去注意表述的优雅”。为了表明这种处理方法是有道理的，爱因斯坦借用了杰出的物理学家路德维希·玻尔兹曼（Ludwig Boltzmann）的话：“按照玻尔兹曼的观点，优雅之事应该留给裁缝和鞋匠去做。”尽管如此主张，但这本小册子还是写得既练达又优雅。从牛顿力学到狭义相对论，再到广义相对论，随后是其直接推论，这一路走来就像一次令人兴奋的智力奥德赛[1]。其中几乎看不到爱因斯坦自己经历的崎岖道路，也没有提到他在取得这一成就的道路上遇到的种种艰难险阻。

不过，爱因斯坦对写成的书并不满意。他在给贝索的一封信中写道：“结果看来这种描述相当呆板。在未来，我要把写作工作留给另一个人，他对语言比我更驾轻就熟，他的身体比我更健康。”[2] 他后来开玩笑说，这本小册子封面上的描述“*Gemeinverstandlich*”（一般能够理解）应该读作“*Gemeinunverstandlich*”（一般不能理解）[3]。

尽管有爱因斯坦的自我批评，但这本小册子还是取得了巨大的成功：1917 年至 1922 年间出版了 14 个德文版，他生前总共出版过 15 个德文版。不过奇怪的是，1954 年出版的第 15 版被称为第 16 版。在光线弯曲得到证实之后，这本小册子还出版了多种其他语言的版本。

1947 年，即第二次世界大战之后不久，也是德文第一版出版 30 年之后，拥有第 1 版出版权的菲韦格出版公司找到爱因斯坦，提议出版一个新的德文版。他的答复只有两句话，明白无疑地拒绝了这一提议。[4]

---

[1] 《奥德赛》（*Odyssey*）是古希腊诗人荷马（Homer）创作的叙事诗。叙述奥德修斯（Odyssees）在特洛伊陷落后，经历种种困苦，终抵故乡的故事。现在“奥德赛”用来指代一段漫长而艰险的旅程。——译注

[2] Einstein to Michele Besso, March 9, 1917, CPAE vol. 8, Doc 306, p. 293.——原注

[3] Pais, Abraham. *Subtle Is the Lord: The Science and the Life of Albert Einstein*（Oxford: Oxford University Press, 1982）, p. 272. ——原注

[4] Einstein to Vieweg, March 25, 1947, unpublished, Vieweg Archive VIE: 18. ——原注

他说："在我的犹太同胞被德国人大规模杀害之后，我不希望我的任何出版物在德国发行。"多年以后，爱因斯坦的态度软化了，首肯了1954年的德文版。这是他生前的最后一个德文版。

爱因斯坦的这本小册子是科学著作史上独一无二的文献。它试图让没有物理学背景的普通读者领会和欣赏人类心智最复杂的智力成就之一有多么宏伟，正如爱因斯坦所说，给予他"几小时快乐的启发式思考"。这一目标可能至少在一种情况下已经实现（参见"附加文档"中"沃尔特·拉特诺给爱因斯坦的一封信"）。爱因斯坦诉诸读者的直觉，而假设他们以前对于这一主题一无所知。他常用的比喻包括火车车厢和路基。爱因斯坦经常向读者提出一个问题，然后他自己或以读者的名义回答这个问题,同时扮演柏拉图式对话的双方。这就要求读者积极参与思考过程。

爱因斯坦对该书的出版过程保持着密切关注，并与出版商就继续出版、翻译成其他语言以及授权给外国出版商等问题进行广泛的沟通。从一个版本到下一个版本，他在文体和文字上都会做出改动，偶尔还会增加完整的章节和新的附录。这本小册子目前这一版的第三部分"对宇宙整体的思考"是在1918年增加到第3版中的。在这一版本中，爱因斯坦还增加了最初的两个附录，即"洛伦兹变换的简单推导"（作为对第11节的补充）和"闵可夫斯基的四维空间（'世界'）"（作为对第17节的补充）。

"广义相对论的实验验证"这一附录是应英译者的要求为英文第一版（1920）撰写的。其中讨论了广义相对论的3个经典实验检验：水星近日点（最接近太阳的点）的进动、引力场造成的光线偏折以及引力场中谱线波长的增加（引力红移）。这个附录也收录在1920年的德文第10版中。第四个附录"由广义相对论得出的空间结构"首次出现在英文第

14版（1946）中，后来被收录在1954年的德文版中。它是对第32节的补充，讨论了关于宇宙本质的宇宙学问题。这里的“空间”一词指的是整个宇宙。

较长的附录“相对论与空间问题”具有特别的性质和意义。1954年，它首次出现在英文第15版中，同年又添加到德文第16版中。这个附录迥然不同于其他附录，这是因为它反映了爱因斯坦对空间概念的洞察的发展过程，从而更具哲学特征。

本书中再版的爱因斯坦的小册子是由罗伯特·W. 劳森（Robert W. Lawson）翻译成英文的，收录于《阿尔伯特·爱因斯坦论文集》（*The Collected Papers of Albert Einstein*）第6卷第42号。[1]

本书在爱因斯坦的小册子之外，还增加了一份“阅读指南”，这是对构成相对论（既包括狭义相对论又包括广义相对论）基石的那些基本思想、概念和方法的一系列评注。

“阅读指南”之后的那一部分介绍了这本小册子的外文版。我们在其中探究了20世纪20年代各种外文版的历史及其背后的故事。我们以这些国家各自对爱因斯坦及其相对论的态度为背景来呈现这段历史。

为了与爱因斯坦的风格及这本书的性质相一致，我们的文本只含有少量的脚注和参考文献。取而代之的做法是，我们向读者提供最为密切相关的资料来源和一些主要著作。

[1] 爱因斯坦论文的权威版本是《阿尔伯特·爱因斯坦论文集（1–14卷）》（*The Collected Papers of Albert Einstein*, vols. 1-14（Princeton, NJ: Princeton University Press, 1987—）。这一版包括许多宝贵的介绍，涉及爱因斯坦的生平和研究的方方面面。到处都在引用该英文译本的各卷。已出版的文集各卷可以在网上免费获取。爱因斯坦档案馆（Einstein Archives）中有重大价值的那一部分资料都可在位于耶路撒冷的希伯来大学的网站上搜索到。——原注

致　谢

我们感谢马克斯·普朗克科学史研究所图书馆的乌尔斯·舍普夫林（Urs Schoepflin）和萨比娜·伯特伦（Sabine Bertram），以及希伯来大学爱因斯坦档案馆的罗尼·格罗斯（Roni Grosz）、沙亚·贝克尔（Chaya Becher）和芭芭拉·沃尔夫（Barbara Wolf），他们帮助我们查询这本小册子的不同版本及相关的档案材料。我们非常感谢爱因斯坦论文项目的负责人戴安娜·布赫瓦尔德（Diana Buchwald）在这个项目中为我们提供的帮助和支持。我们感谢安德尔泽·特劳特曼（Andrzej Trautman）为波兰文版提供了帮助，感谢达尼安·胡（Danian Hu）和都富金子（Tsutomi Kaneko）分别为中文版和日文版提供了帮助。

最后，我们赞赏并感谢林迪·迪瓦西（Lindy Divarci）在编辑方面提供的帮助和专业支持。

爱因斯坦——一名科学的传教士

科学的发展总是伴随着向特定学科以外的专业人士、知识界以及一般公众传播科学思想和发现。新闻工作者、科普作家以及处于科学活动前沿的科学家都参与了这一事业。例如，迈克尔·法拉第（Michael Faraday，1791—1867）在电磁学定律的实证探究方面做出的贡献超过其他任何人，他做过大约 100 场公众演讲，其主题包括“家庭哲学”及“一把火、一支蜡烛、一盏灯、一根烟囱、一个水壶和灰烬”等。他的这些演讲不但使公众能够理解工程和医学方面的应用科学，而且使新的实验科学变得通俗易懂。詹姆斯·克拉克·麦克斯韦（James Clerk Maxwell，1831—1879）将电磁学的各条定律铸造成一个合乎逻辑的数学框架，著有《物质与运动》（*Matter and Motion*）一书，这是关于牛顿力学的最优雅的基础著作之一。在现代，许多著名科学家写下了关于当代物理学许多前沿课题的畅销书。这里举几个例子：史蒂文·温伯格（Steven Weinberg）的《最初三分钟》（*The First Three Minutes*）、默里·盖尔曼（Murray Gell-Mann）的《夸克与美洲虎》（*The Quark and the Jaguar*）以及史蒂芬·霍金（Stephen Hawking）的《时间简史》（*A Brief History of*

Time）。

爱因斯坦有一个广为人知的形象：他是一位孤独的哲学家、科学家，他沉思着宇宙的奥秘，而远离日常生活。但这是对他的个性和生活的一种非常具有误导性的描述。爱因斯坦是一个入世之人，他与朋友及各种机构合作、交流想法，而且是一位参与政治的公民。从 1914 年直到他去世前的 40 年间，他对 20 世纪上半叶人类待议事项上的每一个问题都明确地发表了自己的观点。他在许多文章中、在与同行的通信中以及在公众演讲中，都表达了他关于各种公共、政治和道德问题的观点，比如民族与民族主义、战争与和平、人类自由与尊严。他还对任何形式的歧视开展了不懈的斗争。尽管爱因斯坦直言不讳、颇有争议，并且常常被认为天真幼稚，但他的观点仍然产生了重大影响。

爱因斯坦的这些勇敢的公共活动以及他对公众理解科学的重视，可以追溯到他的童年时期。他在 67 岁时撰写的《自述注记》（*Autobiographical Notes*）中描述了这段时期。[1] 这些注记构成了他的科学自传，但他在这些注记中只介绍了一段个人经历。在他看来，这段经历对他后来的性格和行为产生了持久的影响。他的父母把医学院学生马克斯·塔尔穆德（Max Talmud）带到家里作为家庭教师，这是一位来自立陶宛的正统犹太人。然而，事实证明起初这个年轻人的影响太大了，爱因斯坦的父母惊慌地发现，爱因斯坦想让他们食用合乎犹太教规的洁食，并遵守其他犹太宗教传统。爱因斯坦把这段时期称为他“青年时期的宗教天堂”。[2] 所幸，塔尔穆德不仅给予了爱因斯坦犹太教方面的教诲，

[1] Einstein, Albert. *Autobiographical Notes: A Centennial Edition*, ed. Paul Arthur Schilpp（La Salle, IL: Open Court, 1992）.——原注

[2] *Autobiographical Notes*, p. 5.——原注

而且向他推荐了阿伦·伯恩斯坦（Aaron Bernstein）的“自然科学普及丛书”（*Popular Books on Natural Science*）。伯恩斯坦是一位来自波兰但泽的犹太神学家、作家和政治家，也是一位伟大的科学普及者。阿尔伯特在这套丛书中读到了关于太空奇幻旅行的一章，这对他的思想产生了深刻而持久的影响。爱因斯坦这样说道：

> 虽然我的父母是完全不信教的（犹太人），但我对宗教建立起了笃信。然而，这种笃信在我十二岁时戛然而止。通过阅读科普书籍，我很快就确信《圣经》中的许多故事不可能是真的。其结果是我对自由思考产生了一种积极的狂热[狂欢]，其中掺杂着青年时期被谎言故意欺骗的印象，这是一种毁灭性的印象。对各种权威的不信任都源于这次经历，这是一种对任何特定社会环境中存在的信念的怀疑态度——此后我就一直持有这种态度。[1]

这种“对各种权威的不信任”的结果就是他的独立研究方法——不受传统观念的限制。他将这种方法应用于他所对待的每一个问题——既包括科学之内的，也包括科学之外的。

在爱因斯坦的生活和工作中，有一个没有得到应有重视的方面，那就是他作为一名科学的传教士、普及者、传播者、教育家以及国际舞台上的科学调停人所发挥的作用。爱因斯坦不仅有意把他的名字用于政治上的事业，而且用于在世界范围内向大众传播科学知识。与其他几位科学家一样，他成功地向更广大的公众普及了他的研究成果。爱因斯坦不仅发表有关相对论的通俗著作和报刊文章，而且在成人教育机构和天文馆等公共场所举办通俗易懂的讲座。例如，1920 年 2 月和

[1] *Autobiographical Notes*, pp. 3, 5.——原注

3 月，他在柏林成人教育学院为公众做了 10 次关于运动学和物体平衡的系列讲座。1931 年，他在马克思主义工人学校做了一场著名的演讲，主题是“一位工人需要知道的相对论”。[1] 剧作家贝托尔德·布莱希特（Berthold Brecht）参加了这次讲座并受到启发，写下了剧作《物理学家》（*The Physicist*）。这是他著名的反纳粹戏剧《大师种族的私生活》（*The Private Life of the Master Race*）的一部分。[2]

爱因斯坦的相对论（即狭义相对论和广义相对论）提出了一种革命性的世界观，对空间、时间和引力的概念给出了新的见解。这一理论在知识界和一般公众中引起了广泛的兴趣和好奇心，从而迫切需要对这些新思想做出权威的、可理解的说明，以消除误解，并促进对这些新思想展开明达的辩论。爱因斯坦感到必须对这种需要做出反应，因此写了这本小册子。在此之前，他还发表过 3 篇关于相对性原理和从狭义理论到广义理论过渡的基础文章，其中没有数学形式的表述。不过，这本小册子是相对论最终发表后的第一部全面阐述性著作。

两年前的 1912 年，爱因斯坦已成为另一种意义上的科学传教士，他从相对论的基本概念挑战中获得灵感，在物理学和天文学之间架起了一座新的桥梁。这对物理学和天文学都产生了深远的影响。为了验证相对论的预言，就有必要让天文学家参与进来，以实现在物理学和天文学之间的一种新的合作形式。最终，创建并进一步发展一个在此之前几乎不存在的天体物理学团体成为了一项新的挑战。爱因斯坦尽一切努力激励天文学家去检验他的广义相对论所给出的各种预言，比如引力导致的

[1] Fösing, Albrecht. *Albert Einstein: A Biography*（New York: Viking, 1997）.——原注

[2] Brecht, Bertolt. *The Private Life of the Master Race*（New York: New Directions, 1944）.——原注

光线弯折和引力红移。但他的尝试经常遭到冷遇甚至抗拒。渐渐地，他才引起了天文学家的兴趣。

转折点出现在 1919 年，当时由亚瑟·爱丁顿（Arthur Eddington）爵士率领的英国日食探险队证实了爱因斯坦关于引力导致的光线偏折的预言。因此，在第一次世界大战后不久，一支英国探险队促成了一位德国 – 瑞士 – 犹太科学家的理论的成功。这样，科学成了国际合作的媒介，爱因斯坦成了其中的主角。爱因斯坦几乎一夜成名，而且事实证明他已充分准备好要明智地利用这一声望。从很小的时候起，他的思想就被国际主义和反军事主义这些词语所框定，他觉得科学不应该被当作狭隘的、专门的事业来追求。因此，爱因斯坦接受挑战，向当时羽翼未丰的大众传媒发表演讲，并试图向更广泛的公众解释他的革命性理论的各个方面。

我们可以毫不夸张地说，公众对广义相对论及其创造者的接受，促成了现代物理学在全球范围内的社会地位的改变。由于量子物理学和核物理学先后影响了许多科学领域，加之它们实际的和潜在的应用，因此它们在增强物理与社会的关联方面成为一个重要的推动力。也正是爱因斯坦的相对论革命所带来的象征性财富促进了将物理学确立为现代化的最主要的范式，从而表明社会进步已变得依赖基础科学的进步，而不仅仅是应用科学的进步。

在他的学术游历中，爱因斯坦作为一名四海为家的科学传教士，对这一观念的转变所做出的贡献是不可估量的。他似乎把自己年轻时从流行科学文化中汲取的一些动力引导了过来，与全球范围内的科学和社会进步相结合。他的旅行促进了当地科学界已经在进行的解放进程，这些解放进程是要寻求使基础科学在社会中发挥更大的作用的。当然，从西班牙到日本，从巴黎到布宜诺斯艾利斯，各地的情况大不相同。不过，在爱因斯坦的行程中，他与各地科学界之间的所有互动的一个共同特征是，人们越来越认识到基础科学的进步是一项与所有社会都密切相关的全球性努力。在许多情况下，这本小册子的当地语言版本在他访问该地区之前已经出版，这就有助于知识分子展开辩论以及公众理解相对论。

爱因斯坦的小册子

相对论

狭义与广义理论

阿尔伯特·爱因斯坦　著

罗伯特·W. 劳森（Robert W. Lawson）译[1]

（由爱因斯坦认可的英译本）

[1]　系英文译本的翻译。——译注

前　言

本书的主旨是使以下这些读者尽可能确切地洞悉相对论的底蕴：从一般的科学和哲学角度而言，他们对相对论有兴趣，但他们并不熟悉理论物理学的数学工具。本书假定读者具有相当于大学入学考试的受教育水准。不过，尽管这本书很简短，读者仍然需要具备相当大的耐心和意志力来学习。对于那些主要的思想，作者不遗余力地以最简单、最通俗易懂的方式来予以讲述，并且大体上按照实际形成这些思想的顺序和联系来叙述。为了明晰起见，我觉得我不可避免地要频繁重复自己的话，丝毫不去关注表述的优雅。我小心谨慎地遵循着杰出的理论物理学家L. 玻尔兹曼的信条，按照他的观点，优雅之事应该留给裁缝和鞋匠去做。我并不自吹已经为读者挡住了这一主题所固有的种种困难。另外，我有意以一种“继母式”的做法来处理这一理论的经验物理基础。这样，不熟悉物理学的读者可能不会觉得自己像一个只见树木不见森林的游荡者。愿这本书给你带来几小时快乐的启发式思考！

1916年12月

阿尔伯特·爱因斯坦

第一部分　狭义相对论

1. 几何命题的物理意义

本书的大多数读者在学生时代习知了欧几里得几何这一“宏伟的大厦”，而且你们还记得——也许更多的是出于对它的尊重而不是热爱——它那壮观的建构。在其崇高的阶梯上，你被尽责的老师追逐过无数小时。根据你过去的经验，即便有人断言这门科学中最冷僻的命题是不正确的，你肯定也会鄙夷不屑。但是，若有人问你：“那么，你宣称这些命题为真，这指的是什么意思呢？”此时，你认为确定无疑的这种骄傲感觉就会立即化为乌有。接下来让我们对这个问题稍作考虑。

几何学是从诸如“平面”“点”和“直线”这样的一些特定概念出发的，利用这些概念，我们就能够或多或少地把一些明确的观念联系起来。几何学同时也是从某些简单命题（公理）出发的，而我们根据这些观念倾向于认为它们为“真”。然后，在一种我们感到不得不承认为合理的、符合逻辑推理的过程的基础上，表明其余所有命题都是由这些公理推导得出的，即它们是被证明了的。一个命题如果是以这种公认的方式由公理推导出来的，那么它就是正确的（“真”）。因此，各个几何命题是否为“真”的问题，便归结为这些公理是否为“真”的问题。人们早已知道，上述最后一个问题不仅用各种几何学的方法是无法解答的，而且其本身也是完全没有意义的。我们不能问“通过两点只有一条直线”这一命题是否为真。我们只能说，欧几里得几何论述的是被称为“直线”的东西，其中每条直线都被认定具有由位于其上的任意两点唯一确定这一性质。“真”的概念与纯几何学的断言不符，这是因为我们最后总是习惯于用“真”这个词来表示与一个“真实的”对象的对应。然而几何学并不涉及它所包含的观念与经验对象之间的关联，而只涉及这些观念本身之间的逻辑联系。

我们不难理解为什么尽管如此，但是我们仍然觉得必须把这些几何学命题称为“真命题”。几何学观念或多或少地与自然界中的确切物体相对应，而后者无疑是产生这些观念的唯一起因。为了使几何学结构具有最大可能的逻辑统一性，就应当避免这样的一种做法。例如，观察一个实际上可视为刚性的物体上相隔一定“距离”的两个标记的位置，这种做法深深地扎根于我们的思维习惯中。我们还进一步习惯于认为，在我们恰当选择观察地点的情况下，如果用一只眼睛进行观察时，3 个点的表观位置能够重合，那么它们就处于一条直线上。

根据我们的思维习惯，如果我们现在仅仅为欧几里得几何增补一个命题，即一个实际上可视为刚性的物体上的两点总是对应于相同的距离（直线间距），而这一距离不依赖我们可能使该物体发生的任何位置变化，那么欧几里得几何的命题就变成了关于实际上可视为刚性的物体之间的可能相对位置的命题。[1] 几何学以这种方式得到补充，然后就被当作物

[1]　由此可见，一个自然物体也与一条直线相关联。因此，对于一个刚体上的三点A、B、C，在给定A、C两点的情况下选择点B，使得AB与BC这两个距离之和尽可能小，那么A、B、C三点就位于同一条直线上。这个不完备的提法对于我们现在的讨论而言已经足够了。——原注

理学的一个分支来对待。我们现在可以正当地提出以这种方式做出解释的几何命题是否为“真”这个问题，因为我们有理由提问，对于我们将几何观念与之相联系的那些真实物体而言，这些命题是否得以满足。用不那么精确的说法，我们可以这样表达这一点：说一个几何命题在这个意义上为“真”，我们理解为它对于尺规作图的有效性。

当然，对于几何命题在这个意义上为“真”的确信，完全是建立在相当不完备的经验之上的。我们暂且假定几何命题为“真”，而在稍后的阶段（在广义相对论中），我们会看到这个“真”是有限的，并且我们会考虑它的限度。

2. 坐标系

前文已指出对于距离的物理解释。在此基础上，我们还可以通过测量来确定一个刚体上的两点之间的距离。为此目的，我们需要一个“距离”（杆 S），我们会自始至终使用它，并用它来作为一个标准量度。现在，如果 A 和 B 是一个刚体上的两点，我们就可以根据几何规则作出连接它们的直线。然后，我们可以从点 A 开始，一段一段地反复量出距离 S，直到我们到达点 B 为止。此时所需的操作次数就是距离 AB 的数值量度。这是所有长度测量的基础。[1]

对于一个事件的场景，或者一个物体在空间中的位置，每一种描述都基于明确说明在一个刚体（参考物体）上与该事件或物体重合的点。这不仅适用于科学描述，也适用于日常生活。如果我要对“伦敦特拉法加广场”[2] 的空间做出明确的说明，那么我就得出了以下结论。地球此时

[1] 这里我们假设没有任何剩余，即度量结果给出一个正整数。通过使用一根有等分刻度的测量杆，可以克服这一困难，引入这种新的测量杆不需要任何根本上的新方法。——原注

[2] 我选择了英语读者更熟悉的这个地点，原文中是“柏林波茨坦广场”。——英译者注

是关于空间明确的说明所参考的刚体，“伦敦特拉法加广场”是一个定义明确的点，人们为它指定了一个名称，并且所讨论的事件与该点在空间上重合。[1]

这种明确说明位置的原始方法只处理刚体表面的位置，并且依赖该表面上存在着彼此可区分的各点。但是，不用改变我们对位置的明确说明的本质，我们也可以将自己从这两种限制中解放出来。例如，如果一朵云飘浮在特拉法加广场上空，那么我们就可以在广场上竖起一根杆子，使它直达那朵云，从而确定它相对于地球表面的位置。用标准测量杆度量出这根杆子的长度，加上对杆子底端位置的明确说明，我们就有了对这朵云的完整位置说明。在这个例子的基础上，我们就能看出位置概念是如何逐步得到改进的。

（a）我们想象对于用来明确说明位置所参考的那个刚体以某种方式作增补，使得增补完成后的刚体能达到我们要求其位置的物体。

（b）在确定该物体的位置时，我们使用一个数（这里用的是测量杆所测量的那根杆子的长度）来代替指定的参考点。

（c）即使在那根直达云端的杆子还没竖起来的时候，我们就能谈及云的高度。通过从地面上的不同位置对云进行视觉观察，并考虑到光的传播特性，我们就确定了要直达云端，这根杆子所应该具有的长度。

我们从这一考虑过程中看到，在描述位置时，如果能借助数值进行量度而使我们不必依赖在作为参考物体的刚体上存在着做了标记的位置（它们拥有名称），这将是有利的。在测量物理学中，这是通过应用笛卡儿坐标系来实现的。

[1] 这里没有必要进一步探讨“在空间上重合”这句话的意义。这个概念十分明显，足以确保关于它在实践中的适用性，几乎不可能产生歧义。——原注

笛卡儿坐标系由 3 个互相垂直的平面构成，这 3 个平面刚性连接到一个刚体上。以一个坐标系为参考物体时，若要确定任何事件的地点（主要部分），就可以从该事件的地点向这 3 个平面所作的 3 条垂线的长度——坐标（x、y、z）得到明确说明。这 3 条垂线的长度可以根据欧几里得几何所制定的规则和方法，用刚性测量杆进行一系列操作来确定。

在实际应用中，一般而言，并没有这些构成坐标系的刚性面。此外，坐标的大小实际上也不是用刚性杆结构确定的，而是通过间接方法加以确定的。如果要使物理学和天文学的结果保持清晰，那么就必须始终按照上述考虑来寻求位置说明的物理意义。[1]

我们因此得到以下结果：对于事件在空间中的每一种描述，都必须用到这些事件必须参照的一个刚体。由此得到的关系理所当然地认定欧几里得几何中的那些定律适用于“距离”，即通过一个刚体上的两个标记这一约定来从物理上表示“距离”。

[1] 在本书第二部分中，我们将讨论广义相对论。在此之前，没有必要对这些观点进行改进和修正。——原注

3. 经典力学中的时空

力学的目的是要描述物体如何随着“时间”改变它们在空间中的位置。“如果我不经过认真的思考和详细的解释就以这种方式阐述力学的目标，我的良心就会背负着因为违背了要求清晰的精神而带来的严重罪恶感。接下去让我们来揭露这些罪恶。

现在还不清楚在这里如何理解“位置”和“空间”。我站在一节匀速行驶的火车车厢的窗边，随手让一块石头掉落到路基上，而不投掷它。那么，若不考虑空气阻力的影响，我就会看到这块石头直线下落。如果一位行人从人行道上观察这一不法行为，他就会看到这块石头是沿着一条抛物线落到地上的。我现在的问题是：“在现实中”，这块石头所经过的这些“位置”是在一条直线上还是在一条抛物线上？此外，这里的“在空间中”运动又是什么意思？从上一节所考虑的情况来看，这个问题的答案是不言而喻的。首先，我们得完全避开“空间”这个模糊的词。我们必须诚实地承认，我们不能对它形成哪怕一点点概念，于是我们用“相对于一个实际上可视为刚性的参考物体的运动”来取代它。相对于参考物体（火车车厢或路基）的位置已在前一节中详细定义。如果我们不用“参考物体”,而是插入“坐标系”这样一个有助于数学描述的概念，那么我们就能够说：这块石头相对于一个刚性连接到车厢的坐标系来说所做的运动是沿着一条直线，但是相对于一个刚性连接到地面（路基）的坐标系而言，它描出的是一条抛物线。通过这个例子，我们可以清楚地看到,没有独立存在的像轨迹(字面意思是“路径曲线”[1])这样的东西，而只有相对于特定参考物体的轨迹。

为了对运动做出一个完备的描述，我们必须具体地确定物体如何随着时间改变它的位置，即对于轨迹上的每一点，都必须指明运动的物体在什么时间位于那里。对于这些数据，必须增补关于时间的这样一个定义：根据这一定义，这些时间值在本质上可以看成能够观察到的数量大小(测量结果)。如果我们站在经典力学的立场上,那么对于我们的例子，就可以用以下方法来满足这一要求。我们想象有两个结构完全相同的时钟，站在火车车窗前的那个人拿着其中一个，站在人行道上的那个人拿着另一个。每位观察者在他手中的时钟每滴答一声时，都确定那块石头相对于他自己的参考物体的位置。在这一叙述方式中，我们并没有考虑光的传播速度有限所带来的误差。关于这一点以及这里普遍存在的第二个困难，我们将不得不在以后详加讨论。

[1] 即物体运动时所经过的曲线。——原注

4. 伽利略坐标系

众所周知，伽利略－牛顿力学中的基本定律被称为惯性定律。这条定律可表述如下：一个离其他物体足够远的物体会继续保持其静止或匀速直线运动状态。这一定律不仅谈及了物体的运动，而且指出了在力学中允许的、可用于力学描述的参考物体或坐标系。对于可见的恒星，惯性定律无疑在高度接近的程度上成立。现在，如果我们使用一个刚性连接到地球的坐标系，那么相对于这个坐标系，每颗恒星的轨迹在一个天文日中都会描出一个半径极大的圆，这个结果违反了惯性定律的表述。因此，如果我们要坚持这条定律，那么在描述物体的这些运动时，就必须只参考那些恒星相对于它们不做圆周运动的坐标系。如果在一个坐标系中的运动状态表明惯性定律在此坐标系中成立，那么我们就把这个坐标系称为“伽利略坐标系”。人们认为伽利略－牛顿力学中的各条定律仅对于伽利略坐标系成立。

5. 相对性原理（狭义）

为了尽可能清晰，让我们回到假定为匀速行驶的火车车厢这个例子。我们称它的运动为匀速平移（“匀速”是指它的速度大小和方向都是恒定的，“平移”则是因为尽管车厢相对于路基的位置发生了变化，但它在此过程中并没有发生转动）。让我们想象一只渡鸦在空中飞翔，它的运动从路基上看是匀速的，并且沿着一条直线。如果我们从移动的火车车厢里观察这只飞翔的渡鸦，就会发现它具有不同的运动速度和方向，但它的运动仍然是匀速的，并且沿着一条直线。用一种抽象的方式来表达，我们可以这样说：如果质量 m 相对于坐标系 K 沿着一条直线做匀速运动，那么对另一个相对于 K 做匀速平移运动的坐标系 K' 来说，质量 m 相对于 K' 也在沿着一条直线做匀速运动。按照前一节中的讨论，由此得出的结论是：

如果 K 是一个伽利略坐标系，那么所有其他相对于 K 处于匀速平移运动状态的坐标系 K' 也都是伽利略坐标系。伽利略–牛顿力学中的各定律相对于 K' 仍然成立，与它们相对于 K 完全一样。

当把这条原则表述如下时，我们的推广就更进了一步：如果相对于

K，K'是一个没有发生转动的匀速运动坐标系，那么自然现象在相对于K'的运行过程中所遵循的普遍定律与它们相对于K时完全一样。这一表述被称为相对性原理（狭义）。

只要你相信所有的自然现象都能借助经典力学表现出来，就没有必要怀疑这条相对性原理的有效性。但是，鉴于电动力学和光学的最近发展，我们越来越明显地看到，经典力学为所有自然现象的物理描述所提供的基础是不充分的。在这个关头，讨论这条相对性原理的有效性问题的时机已经成熟，而且这个问题看起来也并非可能会得到否定的回答。

然而，有两个普遍事实从一开始就非常支持这条相对性原理的有效性。尽管经典力学没有为用理论来表示所有物理现象提供一个足够广泛的基础，但我们仍然必须承认它在相当程度上为“真”，因为它对天体的实际运动所做出的描述细致入微到简直精妙的程度。因此，这条相对性原理就必须非常精确地适用于力学领域。但是，一条具有如此广泛的普遍性的原理会在一个现象领域内如此精确地适用，而在另一领域内无效，这一点从先验上来说是不太可能的。

接下来，我们讨论第二个论点，而在稍后的论述中还会回到这个论点上来。如果相对性原理（狭义）不成立，那么相对于彼此做匀速运动的伽利略坐标系K、K'、K''等在描述自然现象时就不是等价的。在这种情况下，我们应该不得不相信，各自然定律能够以一种特别简单的方式表述出来。当然，这就必须满足以下条件：在所有可能的伽利略坐标系中，我们本该选择一个具有特定运动状态的坐标系（K_0）来作为我们的参考物体。于是我们应该有正当理由（因为它在描述自然现象方面的优越性）把这个坐标系称为“绝对静止的”，而把所有其他伽利略坐标系（K）称为“运动的”。举例来说，如果我们的路基是这个坐标系K_0，那么我们的火车车厢就会是坐标系 K，而相对于 K 成立的定律没有相对于 K_0 成立的定律那么简单。这种简单性降低应该基于这样一个事实：火车车厢 K 相对于 K_0 将是在运动的（即“真正地”运动）。在以 K 为参考系来表述的普遍自然定律中，车厢速度的大小和方向必然会起作用。例如，我们可以预期，如果把一根管风琴音管按照其轴线平行于运动方向的方式放置，那么它发出的音符就会不同于把这根音管的轴线垂直于运动方向时发出的音符。由于地球在绕着太阳做轨道运动，因此它就相当于一节以大约 30 千米 / 秒的速度前进的火车车厢。倘若相对性原理不成立，那么我们就应该预期地球在任何时刻的运动方向都会体现在自然定律中，并且物理体系的行为会依赖它们在空间中相对于地球的取向。这是因为地球的公转速度在一年时间中不断改变方向，地球不可能整年都相对于假设的坐标系 K_0 处于静止状态。然而，即使最仔细的观测也从未揭示出地球物理空间中的这种各向异性，即没有发现不同方向上的物理非等价性。这是支持相对性原理的一个非常有力的论据。

6. 经典力学中使用的速度相加定理

让我们假设我们的老朋友——火车车厢沿着铁轨以恒定的速度 v 前进，有一位乘客沿着车厢前进的方向以速度 w 从车厢的一头走到另一头。在此过程中，这个人相对于路基走得多快，或者换种说法，他相对于路基的前进速度 W 是多大？唯一可能的答案似乎来自下面这样的考虑：如果这个人在 1 秒内站着不动，那么在此期间他会相对于路基前进距离 v，这在数值上等于车厢的速度。不过，由于他在向前走，因此在这 1 秒中，他相对于车厢还前进了一段额外的距离 w。于是同样相对于路基而言，距离 w 在数值上等于他的步行速度。这样，在我们所研究的这 1 秒内，他相对于路基总共前进的距离是 $W = v + w$。这个结果表达了经典力学中的速度相加定理。我们稍后将会看到，这条定理不能保持成立。换言之，我们刚才得出的这条定理实际上并不成立。不过，眼下我们会暂且假定它是正确的。

7. 光的传播定律与相对性原理之间表面上的不相容

光在真空中传播所遵循的定律几乎是物理学中最简单的。每个学童都知道，或者说认为自己知道，这种传播是以直线的形式发生的，其速度 c 为 300000 千米 / 秒。无论如何，我们非常确切地知道，这个速度对于所有颜色的光来说都是相同的，因为如果不是这样的话，在一颗恒星被它的黑暗邻居掩食时，各不同颜色的最小散射就不会同时被观测到。荷兰天文学家德西特（De Sitter）通过基于双星观测的类似考虑，还证明了光的传播速度并不依赖发光物体的运动速度。传播速度依赖“在空间中”的方向这一假设，就其本身而言是不大可能成立的。

简而言之，让我们假设学童们完全相信（在真空中的）光速恒定这一简单定律。谁又能想象到这条简单的定律竟会使思维缜密的物理学家们陷入了智力上的最大困境呢？现在让我们来详述这些困境是如何产生的。

当然，我们必须相对于一个刚性参考物体（坐标系）来讨论光的传播过程（以及实际上的其他所有过程）。让我们再次选择我们的路基来作为这样的一个坐标系。我们会想象路基上方的空气被抽空。如果一束光沿着路基传播，那么我们从上文可知，光线的前端将相对于路基以速度 c 传播。现在我们假设火车车厢仍以速度 v 沿着路基运动，它的运动方向与光线的传播方向相同，但是它的速度当然要小得多。我们现在来研究光线相对于车厢的传播速度。显然，我们可以在这里应用上一节的思考过程，因为光线扮演的就是相对于车厢运动的那位乘客的角色。这里用光相对于路基的速度来代替人相对于路基的速度 W。w 是要求的光相对于车厢的速度，于是我们有：

$$w = c - v$$

因此，得出了光相对于车厢的传播速度小于 c 的结果。

但这一结果与第 5 节所述的相对性原理产生了分歧。因为就像其他所有的普遍自然定律一样，相对性原理要求，将车厢作为参考物体时光在真空中传播的定律必须与将路基作为参考物体时是相同的。但是，从我们上面的推理来看，这似乎是不可能的。如果每一根光线都以速度 c 相对于路基进行传播，那么出于这个原因，似乎相对于车厢就必然会有另一条光传播定律成立——这一结果与相对性原理是矛盾的。

鉴于这一困境，似乎只能要么放弃相对性原理，要么放弃光在真空中传播的那条简单定律，除此之外别无他法。如果你细致地领会了前面的讨论，那么就几乎可以肯定，你会预料到我们应该保留相对性原理，因为它是如此自然且简单，从而对思维力具有如此令人信服的感染力。于是，光在真空中传播的定律就会被一条更复杂的、符合相对性原理的新定律所取代。然而理论物理学的发展表明，我们不能实施这一方案。H.

A. 洛伦兹（H. A. Lorentz）对与运动物体有关的电动力学现象和光现象所做出的具有划时代意义的理论研究表明，这一领域中的经验最终决定性地导致了一种关于电磁现象的理论，真空中光速恒定定律在这种理论中是一个必然的结果。因此，尽管事实上并没有发现任何与相对性原理相矛盾的经验数据，但那些著名的理论物理学家仍然更倾向于摒弃相对性原理。

在这个关头，相对论登上了舞台。在对时间和空间的物理概念进行分析后，结果变得显而易见：事实上相对性原理与光的传播定律之间不存在任何不相容，并且只要系统地将这两条定理都紧紧地把握住，就可以得到一种严格合乎逻辑的理论。这一理论被称为狭义相对论，以区别于我们稍后将讨论的更广泛的理论。在接下来的几节中，我们会阐述有关狭义相对论的一些基本思想。

8. 关于物理学中的时间观

闪电击中了路基上相距很远的 A 和 B 两处的铁轨。此外，我还声称这两道闪电是同时产生的。如果我问你这句话是否有意义，你就会确定无疑地回答“有”。但是，如果我现在要求你向我更准确地解释这句话的意义，那么你经过一番考虑以后就会发现，这个问题的答案并不像初看起来那么容易得到。

过一会儿，也许你会想到以下答案：“这句话的意义本身就很清楚，因此不需要做任何进一步的解释。当然，如果委托我通过观察来确定这两件事在实际情况下是否同时发生，那就需要一番思考了。”我无法对这个答案表示满意，其原因如下。假设有一位才智出众的气象学家经过巧妙的考虑，揭示出闪电必定总是同时击中 A 和 B 两处，那么我们面临的任务就是要检验这一理论结果是否与现实相符。我们在“同时”概念参与的所有物理陈述中都遇到了同样的困难。对于一位物理学家而言，直到他有可能发现在实际情况下这个概念是否能得以实现，它才是存在的。因此，我们需要对同时下一个定义，而使得这个定义能为我们提供一种方法来检验同时性。在本例中是指那位气象学家可以利用这种方法通过实验来判断两道闪电是否同时发生。只要这个要求没有得到满足，那么作为一名物理学家（当然，即使我不是物理学家，这也同样适用），当我设想能给同时这种说法赋予某种意义时，我就是在自己欺骗自己了。（请读者在完全确信这一点之后再继续读下去。）

在对这个问题思考了一段时间之后，你提出以下建议来检验同时性。通过沿着铁轨进行测量，应该能测量出连线 AB，并且在 AB 的中点 M 安排一位观察者。应该为这位观察者提供某种装备（比如说两面夹角为 90° 的镜子），从而使他能在同一时刻观察到 A 和 B 两处。如果这位观察者在同一时刻看到两道闪电，那么它们就是同时发生的。

我对这条建议很满意，但尽管如此，我还是不能认为问题已经完全解决了，因为我觉得非要提出以下异议不可："你的定义无疑会是正确的，要是我知道在 M 处的观察者感知到的闪电的光沿着 $A \rightarrow M$ 这段距离前进的速度与沿着 $B \rightarrow M$ 这段距离前进的速度相同就好了。但是只有当我们已经掌握了测量时间的手段后，才有可能对这一假设做出检验。这样看来，我们似乎在这里陷入了一个逻辑上的圈子里。"

经过进一步的考虑，你向我投来有点轻蔑的一瞥——理当如此，然后你宣告："尽管如此，我仍然坚持我先前的定义，因为它实际上对于光绝对没有做任何假定。对同时的定义只有一个要求，即在任何实际情况下，这个定义都必须为我们提供一种经验方法来断定那个必须被定义的概念是否得到满足。我给出的定义满足这一要求，这是毋庸置疑的。要求光以同样的时间通过 $A \rightarrow M$ 这段距离和 $B \rightarrow M$ 这段距离，这一要求实际上既不是对光的物理性质的推测，也不是对光的物理性质的假设，而是为了获得同时的定义而可以由我自己依自由意愿而定下的一条规定。"

很明显，这个定义不仅可以用来对两个事件给出一个确切的意义，而且对于我们愿意选择多少个事件都可以，并且它独立于事件场景相对于参考物体（这里是铁路路基）的位置。[1] 我们也由此得出了物理学中时间的定义。为此目的，我们假设将 3 个结构完全相同的时钟放置在路基（坐标系）上的 A、B、C 三点，并且将它们设置成指针同时（按照上文的意义）指向相同的位置。在这些条件下，这些时钟之中与某事件（在空间中）最相邻的那一个时钟（指针位置）的读数理解为该事件的“时间”。以这种方式，每一个本质上能够观察到的事件都获得了一个相应的时间值。

这条规定包含着进一步的物理假设，如果没有相反的经验证据，几乎不会有人怀疑这个假设的有效性。这里假设如果所有这些钟的结构都完全相同，那么它们就具有*相同的走时速率*。更准确的说法是：当两个时钟被静止地放置在相对于一个参考物体的两个不同地方时，我们这样校准它们：使其中一个时钟的各个指针指向一个*特定位置*，而同时（按照上文的意义）使另一个时钟的各个指针也指向*相同位置*，那么完全相同的“指针布局”就总是同时的（按照上文所定义的意义）。

[1] 我们进一步假设，如果3个事件A、B、C在不同的地方发生，它们的发生方式是：A与B同时，B与C同时（同时的意义按照上文的定义），那么A、C这两个事件也满足这个同时的标准。这是关于光传播定律的一条物理假设，如果我们要维持真空中光速恒定的定律，这条假设就必须得到满足。——原注

9. 同时的相对性

到目前为止，我们在思考过程中参考的总是一个特定的参考物体，我们称之为“铁路路基”。我们假设有一列很长的火车沿着轨道以恒定速度 v 行驶，其方向如图 1 所示。乘坐这列火车的人可以就地取材利用该火车作为刚性参考物体（坐标系）。他们考虑所有事件都以火车为参考物体。于是，沿线发生的每一个事件也发生在火车上的一个特定点。此外，同时的定义也可以相对于火车给出，这与相对于路基给出的同时的定义完全相同。然而，这就自然地引出了以下问题：

对于以铁路路基为参考物体而同时发生的两件事（例如闪电 A 和闪电 B），若以火车为参考物体，它们是否也是同时发生的？我们会直接表明这个问题的答案必然是否定的。

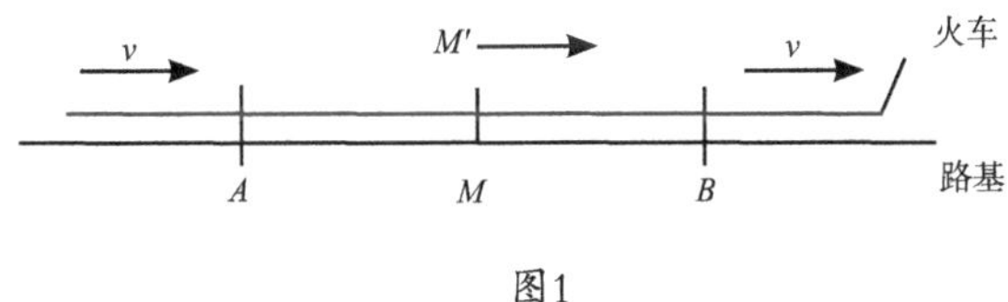

图1

当我们说闪电 A 和闪电 B 相对于路基同时发生时，我们指的是：发生闪电的 A 和 B 两处发出的光线，在路基上 $A \rightarrow B$ 这段路径的中点 M 相遇。但是事件 A 和事件 B 也对应于火车上的位置 A 和位置 B。设 M' 为前进的火车上 $A \rightarrow B$ 这段距离的中点。正当两道闪电发出的时候[1]，点 M' 自然与点 M 重合，但 M' 以火车的速度 v 向图 1 中的右边移动。倘若坐在火车上 M' 处的观察者不具有这一速度，那么他就会永远停留在 M 处，闪电 A 和闪电 B 发出的光线也就会同时到达这位观察者，也就是说这两道闪电会恰好在观察者所在的位置相遇。但实际上（以铁路路基为参考物体），他正一面离开从 A 处发出的光束飞奔，一面又在迎着从 B 处发出的光束疾驰。因此，以火车为参考物体的观察者会先看到从 B 处发出的光束，后看到从 A 处发出的光束。由此看来，以火车为参考物体的观察者必定会得出如下结论：闪电 B 比闪电 A 发生得早。因此，我们就得到以下这个重要的结果：

若以火车为参考物体，那么以路基为参考物体而同时发生的事件就不是同时发生的，反之亦然（同时的相对性）。每一个参考物体（坐标系）都有其自己的特定时间。除非告诉我们做出关于时间的表述时所指定的参考物体，否则关于一个事件发生时间的表述是没有任何意义的。

在相对论出现之前，人们在物理学中一直心照不宣地认为时间的表述具有绝对的意义，即它不依赖参考物体的运动状态。但正如我们刚刚看到的，这个假设与同时的最自然的定义是不相容的。如果我们摒弃这一假设，那么光在真空中传播的定律与（第 7 节中详细阐明的）相对性原理之间的矛盾就不复存在了。

[1] 从路基上判断。——原注

引导我们发现这一矛盾的是第 6 节中的考虑，这些考虑现在已经不再是无懈可击的了。我们在那一节中得出结论，如果车厢里的人每秒相对于车厢行走的距离是 w，那么他在每秒内相对于路基也行走了同样的一段距离。但是根据上述考量，相对于车厢发生的某一特定事件所需要的时间，绝不能被认为就等同于从路基（作为参考物体）上判断得到的同一事件所持续的时间。因此，我们就不能坚持认为：在从路基上判断为 1 秒的那段时间内，这位步行者相对于铁路线行走了距离 w。

此外，第 6 节的考虑还建立在另一个假设的基础上。尽管人们甚至在相对论提出之前就一直默认这个假设，但按照严格的考虑，它似乎是任意的。

10. 论距离概念的相对性

我们考虑在以速度 v 沿着路基行驶的火车[1]上的两个特定的点，并探究它们之间的距离。我们已经知道，测量距离需要一个参考物体，从而可以相对于这个物体进行测量。用火车本身作为参考物体（坐标系）是最便捷的方案。火车上的观察者测量这段间隔的方法是，沿着一条直线（例如车厢的地板）从一个标记点到另一个标记点用他的测量杆一段一段地进行测量。那么，数出这根测量杆必须被放下多少次，这个数值就是要求的距离。

要从路基上来测量这段距离就大不相同了。在这里我们自然会想到以下方法。如果我们将火车上的两点称为 A' 和 B'，要求它们之间的距离，那么这两个点都在沿着路基以速度 v 移动。首先，在某一特定时刻 t（从路基上判断），我们需要确定 A' 和 B' 这两点恰好通过的路基上的两点 A 和 B。利用第 8 节给出的时间定义，就可以确定路基上的点 A 和点 B。然后用测量杆沿着路基一杆一杆地进行测量，就得到了点 A 和点

[1] 例如第一节车厢的中点和第二十节车厢的中点。——原注

B 之间的距离。

从先验上来说，我们完全无法肯定后一次测量是否会与第一次测量得出相同的结果。因此，从路基上测得的火车长度可能与在火车上测得的火车长度不同。这一情况导致我们对第 6 节中所叙述的表面上看来显而易见的考虑提出第二项异议。也就是说，如果车厢里的人在单位时间内所移动的距离从火车上测量为 w，那么这个距离从路基上测量时就不一定也等于 w 了。

11. 洛伦兹变换

前三节的结果表明，光的传播定律与相对性原理在表面上所呈现出的不相容（第 7 节）是借用经典力学的两条不合理的假设而推断出来的，这两条假设如下：

（1）两个事件之间的时间间隔（时间）不依赖参考物体的运动状况。

（2）一个刚体上的两点之间的空间间隔（距离）不依赖参考物体的运动状况。

如果我们摒弃这两条假设，那么第 7 节中出现的那一困境就会消失，这是因为此时第 6 节中推导出的速度相加定理就不再成立了。这样，光在真空中传播的定律与相对性原理相容的可能性就自然出现了。于是产生了下面这个问题：为了消除这两种基本经验结果在表面上的不一致，我们必须如何修改第 6 节中的一些考虑？这个问题引出了一个普遍性问题。在第 6 节的讨论中，我们既要应对相对于火车的地点和时间，又要应对相对于路基的地点和时间。如果我们知道一个事件相对于路基所发生的地点和时间，那么如何才能求出这一事件相对于火车所发生的地点和时间？对于这样一个问题，其性质要使光在真空中的传播定律与相对性原理不发生矛盾，是否存在一个可行的答案？换句话说：我们能否设想出一个相对于两个参考物体的、各个别事件发生的地点和时间之间的联系，从而使每条光线相对于路基以及相对于火车的传播速度都是 c？这个问题得到了一个相当明确的肯定回答，并引出了一条完全确定的变换定律，用于计算一个事件从一个参考系转换到另一个参考系时其各时空量的转换。

在讨论这个问题之前，我们先来提一下以下要附带考虑的问题。到目前为止，我们只考虑了沿着路基发生的事件，而在数学上必须假定路基具有一条直线的功能。按照第 2 节中所指出的方式，我们可以想象用一个由细杆构成的框架在横向和竖向上对这个参考物体进行增补。这样，在任何地方发生的事件都可以参考这个框架来进行定位。同样，我们可以想象火车以速度 v 继续穿越整个空间，于是每一个事件无论离开得多远，也都可以相对于第二个框架进行定位。在不犯任何基本错误的情况下，我们可以忽略这样一个事实：由于固体的不可穿透性，因此实际上这些框架会不断地相互干扰。在每一个这样的框架中，我们想象标记出 3 个相互垂直的面，并将它们称为“坐标平面”（“坐标系”）。于是对应于路基就有一个坐标系 K，还有一个对应于火车的坐标系 K'。一个事件无论可能发生在何处，相对于 K，都会由它向坐标平面作出的 3 根垂线 x, y, z 在空间中进行定位，而时间则由时间值 t 所确定。相对于 K'，同一事件将由对应的值 x', y', z', t' 确定其空间位置和时间，它们当然与 x, y, z, t 不完全相同。这些量如何被视为物理测量的结果，在上文中已有详细阐述。

我们的问题显然可以用以下方法精确地予以系统表述。当给定一个事件关于 K 的 x, y, z, t 值时，同一个事件关于 K' 的 x', y', z', t' 值是什么？

对于同一条光线（当然对于每一条光线都是如此），无论是相对于 K 还是相对于 K'，我们所选取的关系必须使光在真空中传播的定律得到满足。如果按图 2 所示定出这两个坐标系在空间中的相对取向，那么这个问题的解答就由以下方程组给出。

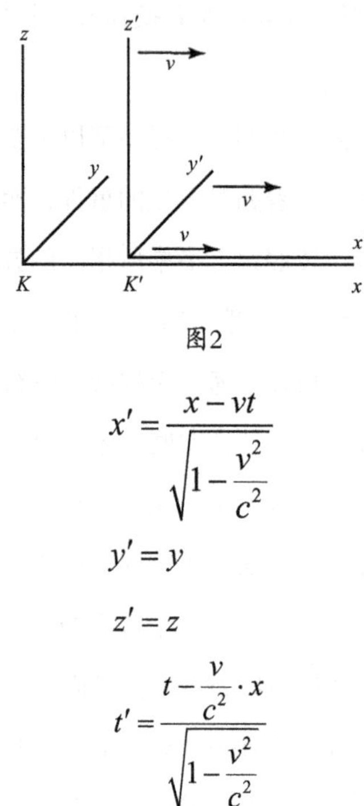

图2

$$x' = \frac{x - vt}{\sqrt{1 - \frac{v^2}{c^2}}}$$

$$y' = y$$

$$z' = z$$

$$t' = \frac{t - \frac{v}{c^2} \cdot x}{\sqrt{1 - \frac{v^2}{c^2}}}$$

这组方程被称为“洛伦兹变换”[1]。

如果我们不是以光的传播定律为基础，而是以较旧的力学中所默认的关于时间和长度的绝对性质假设为前提，那么我们得到的就不是上面这组方程，而是以下方程组：

$$x' = x - vt$$

[1] 附录1中给出了洛伦兹变换的一个简单推导。——原注

$$y' = y$$

$$z' = z$$

$$t' = t$$

这组方程通常被称为“伽利略变换”。在洛伦兹变换中，若用一个无限大的值来代替光速 c，就可以得出伽利略变换。

由以下实例，我们很容易得出：根据洛伦兹变换，对于参考物体 K 和参考物体 K'，光在真空中传播的定律都得到满足。沿着 X 轴正向发送一个光信号，这个光信号就按照以下方程向前传播：

$$x = ct$$

即以速度 c 前进。由洛伦兹变换方程组，x 和 t 之间的这个简单关系也给出 x' 和 t' 之间的一个关系。事实上，如果我们把洛伦兹变换的第一个和第四个方程中的 x 用 ct 代替，就得到：

$$x' = \frac{(c-v)t}{\sqrt{1-\frac{v^2}{c^2}}}$$

$$t' = \frac{\left(1-\frac{v}{c}\right)t}{\sqrt{1-\frac{v^2}{c^2}}}$$

将这两式相除，就立即得到以下表达式：

$$x' = ct'$$

于是就参考系 K' 而言，光的传播就按照这个方程进行。我们由此看到，光相对于参考系 K' 的传播速度也等于 c。对于向任何其他方向传播的光线，也能得到同样的结果。这一点当然不足为奇，因为洛伦兹变换方程组就是按照这个目标推导出来的。

12. 运动测量杆和运动时钟的行为

在坐标系 K' 的 x' 轴上放置一根米尺，使其一端（米尺始端）与 $x' = 0$ 这一点重合，而另一端（米尺末端）与 $x' = 1$ 这一点重合。这根米尺相对于坐标系 K 的长度是多少？为了知道这个长度，我们只需要求出在坐标系 K 的某个特定时刻 t，这根米尺的始端和末端相对于 K 在哪里。根据洛伦兹变换的第一个方程，这两点在 $t = 0$ 时刻的值可以表示为：

$$x_{(\text{米尺始端})}=0\times\sqrt{1-\frac{v^2}{c^2}}$$

$$x_{(\text{米尺始端})}=1\times\sqrt{1-\frac{v^2}{c^2}}$$

因此，这两点之间的距离为$\sqrt{1-\frac{v^2}{c^2}}$。但是，米尺在以速度 v 相对于 K 运动。由此得出的结论是，一根以速度 v 沿着其长度方向运动的刚性米尺的长度是$\sqrt{1-v^2/c^2}$米。因此，刚性杆在运动时比静止时要短，而且运动得越快，它就越短。当速度 $v = c$ 时，我们应该得到$\sqrt{1-v^2/c^2}=0$。当速度更大时，这个平方根就会变成虚数。我们由此得出的结论是，在相对论中，光速 c 扮演着极限速度的角色，任何真实物体都既不能达到也不能超过这个速度。

当然，速度 c 作为极限速度的这个特征显然是洛伦兹变换方程组的必然结果，因为如果我们选择大于 c 的 v 值，那么这些方程就失去意义了。

反过来，如果我们考虑的是一根相对于坐标系 K 静止在 x 轴上的米尺，那么我们应该发现，从坐标系 K' 判断时，这根米尺的长度会是 $\sqrt{1-v^2/c^2}$。这完全符合我们的考虑所基于的相对性原理。

从先验上来看相当清楚的是，我们必定能够从那些变换方程中对测量杆和时钟的物理行为有所了解，因为 x, y, z, t 这些量完全就是通过测量杆和时钟所得出的测量结果。如果我们基于伽利略变换来考虑，就不会得到测量杆由于运动而收缩的结论。

现在让我们来考虑一只秒表，将它一直置于 K' 的原点（$x'=0$）。这只秒表在 $t'=0$ 和 $t'=1$ 这两个时刻相继滴答两次。对于这两次滴答声，由洛伦兹变换的第一个和第四个方程得出：

$$t=0$$

和

$$t=\frac{1}{\sqrt{1-\frac{v^2}{c^2}}}$$

从 K 判断，这只秒表在以速度 v 运动。以这个参考物体来判断，秒表这两次滴答声之间的时间间隔不是 1 秒，而是 $\frac{1}{\sqrt{1-\frac{v^2}{c^2}}}$ 秒，即花了稍长一点的时间。这只秒表由于运动而走得比静止时慢。这里速度 c 也扮演着一个无法达到的极限速度的角色。

13. 速度相加定理以及菲佐的实验

在实践中，我们只能用小于光速的速度来移动时钟和测量杆。因此，我们很难将在上一节中得出的那些结果与实际情况直接进行比较。但是从另一方面来看，这些结果一定会令你感到十分意外。出于这个原因，我现在要从这个理论中推导出另一个结论。这个结论可以很容易地根据前面的一些思考得出，并且已经得到了实验极为优美的证实。

在第 6 节中，我们推出了在一个方向上的速度相加定理。当时，我们也是从经典力学的假设来得出其方程的。这条定理也可以很容易地用伽利略变换（第 11 节）推导出来。我们引入一个点来代替在车厢内行走的人，这个点相对于坐标系 K' 按照以下方程运动。

$$x' = wt'$$

利用伽利略变换中的第一个和第四个方程，我们可以用 x 和 t 来表示 x' 和 t'，于是得到：

$$x = (v + w)\ t$$

这个方程表示的只不过是这个点相对于坐标系 K（人相对于路基）的运动规律。我们用符号 W 来表示这个速度，于是正如第 6 节一样，我们得到：

$$W = v + w \tag{A}$$

但是，我们不妨在相对论的基础上进行同样的考虑。那么在以下等式中，我们就必须利用洛伦兹变换的第一个和第四个方程，用 x 和 t 来表示 x' 和 t'。

$$x' = wt'$$

这样，我们得到的不是式（A），而是：

$$W = \frac{v + w}{1 + \frac{vw}{c^2}} \tag{B}$$

这是根据相对论得出的，对应于一个方向上的速度相加定理。现在的问题是，这两条定理中的哪一条更与经验相符。关于这一点，杰出的物理学家希波吕特·菲佐（Hippolyte Fizeau，1819—1896）在半个多世纪前做过的一项极其重要的实验使我们受到了教益。其后，一些优秀的实验物理学家不断重复这一实验，因此该实验的结果是毋庸置疑的。这个实验关注的是以下问题：光在静止的液体中以特定的速度 w 传播，当上述液体以流速 v 通过管道 T，光沿管内所示的箭头方向传播时，它的速度有多快（见图 3）？

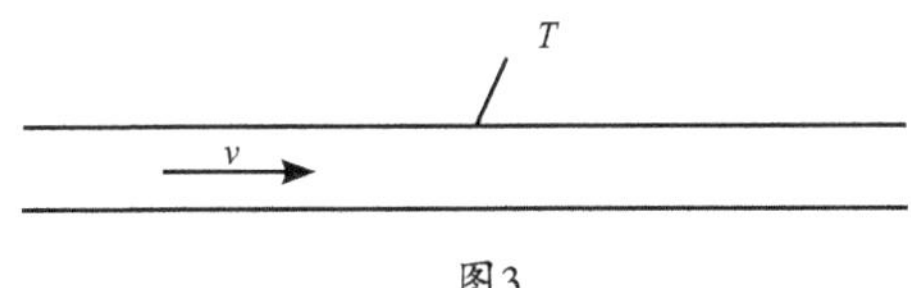

图3

根据相对性原理，我们必定会想当然地认为，不管实验中的液体是否在相对于其他物体运动，光总是以同一速度 w 相对于液体传播。光相对于液体的速度以及液体相对于管道的速度都是已知的，因此，我们要求的是光相对于管道的速度。

显然，我们面对的又是第 6 节中的那个问题。此时管道扮演铁路路基或坐标系 K 的角色，液体扮演车厢或坐标系 K' 的角色，最后光扮演的是沿着车厢行走的人或本节中的运动点的角色。如果我们用 W 表示光相对于管道的速度，那么真实情况若符合伽利略变换，W 就由式（A）给出；若符合洛伦兹变换，W 就由式（B）给出。实验结果[1]支持由相对论导出的式（B），而且其相符程度确实达到了非常高的精度。根据塞曼（Zeeman）最近的卓越测量，流速 v 对光传播的影响可用式（B）表示，误差在 1% 以内。

不过，我们现在必须提醒你注意这样一个事实：早在相对论发表之前，H. A. 洛伦兹就提出过一种关于该现象的理论。这一理论具有纯电动力学性质，是通过应用关于物质的电磁结构的一些特殊假设而得到的。然而，这种情况丝毫没有削弱这个实验作为支持相对论的关键检验的结论性作用，因为洛伦兹的有独到见解的理论是依据麦克斯韦 – 洛伦兹电动力学得出的，而后者与相对论没有任何对立之处。最好说，相对论是从电动力学发展而来的，它对作为建立电动力学之基础的那些以前相互独立的假设进行归纳推断之后，得到了一个惊人的简单综合体。

[1] 菲佐发现 $W=w+v\left(1-\frac{1}{n^2}\right)$。其中，$n=\frac{c}{w}$，指液体的折射率。另外，由于 $\frac{vw}{c^2}<1$，因此我们一开始就可以把式（B）近似地表示为 $W=(w+v)\left(1-\frac{vw}{c^2}\right)$，或者用 $w+v\left(1-\frac{1}{n^2}\right)$ 取得同阶近似，这样就推导出了菲佐的结果。——原注

14. 相对论的启示价值

我们在前文中的思路可以用以下方式概括。经验使我们确信，一方面相对性原理是正确的，另一方面光在真空中的传播速度等于常数 c。我们将这两个假设结合起来，就获得了构成自然过程的各种事件的直角坐标 x, y, z 和时间 t 的变换定律。在这方面与经典力学不同的是，我们得到的不是伽利略变换，而是洛伦兹变换。

光的传播定律在这一思考过程中发挥着重要作用，这一定律由于得到了我们的实际知识的证实而为人们所接受。不过，一旦我们掌握了洛伦兹变换，就可以把它与相对性原理结合起来，从而总结出以下理论。

每条普遍的自然定律都必须满足以下构建方式：当我们不使用原来的坐标系 K 的时空变量 x, y, z, t，而引入新的坐标系 K' 的时空变量 x', y', z'，t' 时，这条定律会转变为另一条形式上完全相同的定律。在这方面，不带撇的量与带撇的量之间的关系由洛伦兹变换给出。简而言之，自然界中的普遍定律对于洛伦兹变换具有协变的性质。

这是相对论要求自然定律要满足的一个确定的数学条件。也正因为如此，相对论成为寻找普遍自然定律时的一种有价值的启示性辅助手段。

如果发现有一条普遍自然规律不满足这个条件，那么相对论的两个基本假设中至少有一个将被推翻。现在让我们来看看迄今为止这一新理论已表明了哪些一般结果。

15. 狭义相对论的一般结果

从我们先前的考虑中可以清楚地看出，（狭义）相对论是由电动力学和光学发展而来的。在这些领域中，虽然它并没有明显地改变理论预言，但是大大简化了理论的结构，即定律的推导。更重要的是，它大大减少了构成理论基础的独立假设的数量。狭义相对论使麦克斯韦－洛伦兹理论变得如此可信，以至于即使实验结果不那么明确地支持这一理论，它也会得到物理学家们的普遍接受。

经典力学需要经过修正才能符合狭义相对论的要求。不过就主要部分而言，这种修正只影响到适用于快速运动的那些定律，其中物质运动的速度 v 与光速相比并不是非常小。我们只有在涉及电子和离子的情况下才会碰到这种快速运动。对于其他运动而言，由于使用经典力学定律而造成的偏差过小，因此在实际中不会明显显示出来。我们在谈及广义相对论之前不会讨论恒星的运动。根据相对论，质量为 m 的质点的动能不再满足下面这个著名的表达式：

$$m\frac{v^2}{2}$$

而是由以下表达式给出。

$$\frac{mc^2}{\sqrt{1-\frac{v^2}{c^2}}}$$

当速度 v 接近光速 c 时，这个表达式趋向无穷大。因此，不管用来产生加速度的能量有多大，速度必须始终小于 c。如果我们把动能的表达式展开成级数的形式，就得到：

$$mc^2+m\frac{v^2}{2}+\frac{3}{8}m\frac{v^4}{c^2}+\cdots$$

当$\frac{v^2}{c^2}<1$时，级数中的第三项总是小于第二项，而第二项是经典力学中唯一考虑的。第一项 mc^2 中不包含速度，如果我们处理的只是质点的能量如何依赖速度的问题，就不需要考虑该项。我们会在后文中谈到它的本质意义。

狭义相对论所导致的具有一般特性的最重要的结果与质量的概念有关。在相对论出现之前，物理学确认了两条具有根本重要性的守恒定律，即能量守恒定律和质量守恒定律。这两条基本定律似乎是完全相互独立的。通过相对论，它们被统一成一条定律。我们现在将简要考虑一下这种统一是如何产生的，以及它所具有的意义是什么。

相对性原理要求能量守恒定律不仅在以坐标系 K 为参考物体时是成立的，而且在以每一个相对于坐标系 K 处于匀速平移运动状态的坐标系 K' 为参考物体时都应该成立。简而言之，相对于每一个“伽利略”坐标系都成立。与经典力学不同的是，洛伦兹变换是由一个这样的坐标系转换到另一个坐标系时具有决定性的要素。

通过比较简单的考虑，我们就从这些作为先决条件的前提并结合麦克斯韦电动力学的基本方程得出了以下结论：一个以速度 v 运动的物体以辐射的形式吸收[1]能量 E_0，而且在此过程中不发生速度改变，那么结果是它的能量会增加。

$$\frac{E_0}{\sqrt{1-\frac{v^2}{c^2}}}$$

考虑到上面给出的物体动能的表达式，所求的物体能量总计为：

$$\frac{\left(m+\frac{E_0}{c^2}\right)c^2}{\sqrt{1-\frac{v^2}{c^2}}}$$

因此，这个物体与一个质量为$\left(m+\frac{E_0}{c^2}\right)$、运动速度为 v 的物体具有相同的能量。于是我们可以说：如果一个物体吸收了能量 E_0，那么它的惯性质量就会增加$\frac{E_0}{c^2}$。一个物体的惯性质量不是一个常数，而会随着该物体能量的变化而变化。我们甚至可以把一个物体体系的惯性质量看成它的能量的量度。此时，一个体系的质量守恒定律与能量守恒定律就完全相同了，并且只有当体系既不吸收能量也不放出能量时质量守恒定律才成立。把能量的表达式写成以下形式：

$$\frac{mc^2+E_0}{\sqrt{1-\frac{v^2}{c^2}}}$$

[1]　E_0是吸收的能量，是在随该物体一起运动的坐标系中判定的。——原注

从中可以看出，到现在为止一直在吸引我们注意的 mc^2 这一项只不过是物体在吸收能量 E_0 之前所具有的能量。[1]

目前还不可能将这一关系与实验直接进行比较（1920 年，参见本节末尾的英译者注），这是由于我们能使一个体系的能量 E_0 发生的变化还不够大，不足以通过体系的惯性质量变化而被察觉到。$\frac{E_0}{c^2}$ 与能量变化之前所呈现出来的质量 m 相比太小。正是由于这种情况，经典力学才能够成功地把质量守恒确立为一条独立成立的定律。

让我最后就一条根本属性作一补充评述。法拉第 – 麦克斯韦理论成功地解释了远距离的电磁作用，这就使物理学家们确信，牛顿引力定律的那种（不需要中间介质的）超距作用是不存在的。根据相对论，以光速传播的超距作用总是取代了瞬时超距作用，或者说取代了传播速度无限大的超距作用。这与速度 c 在这个理论中起着基本作用这个事实相关。在第二部分中，我们将会看到，这个结果在广义相对论中是如何被修正的。

注：随着由 α 粒子、质子、氘核、中子和 γ 射线对元素进行轰击而引起的核转化过程的出现，用 $E=mc^2$ 这一关系表示的质量和能量的等价性已得到充分证实。反应物质的质量总和，加上轰击粒子（或光子）的动能等效的质量之和，总是大于产生的各质量之和。这两者的差值就相当于生成粒子的动能或释放的电磁能量（γ 光子）。类似地，一个自发分裂的放射性原子的质量总是大于所产生的各原子的质量之和，这两者的差值就相当于所生成粒子的动能（或光子的动能）。测量在核

[1] 是在随该物体一起运动的坐标系中进行判定的。——原注

反应中放射出的射线的能量，结合关于这些反应的方程式，就有可能以很高的精度估算出原子量。

——英译者

16. 经验和狭义相对论

狭义相对论在多大程度上得到经验的支持？这个问题不容易回答，其原因在讲到菲佐的基本实验时曾提到过。狭义相对论是从电磁现象的麦克斯韦–洛伦兹理论升华而来的。因此，所有支持电磁理论的经验事实也支持相对论。特别重要的是，我在这里提及这样一个事实：相对论使我们能够预测从恒星到达我们的光所产生的各种效应。这些结果是用一种极其简单的方法得到的，并且人们发现，它们所表明的这些由地球相对于固定恒星的运动而引起的效应与经验是一致的。这里我们指的是由于地球绕太阳的运动而导致的恒星视位置的周年移动（光行差），以及恒星相对于地球的运动的径向分量对恒星的光到达我们时的颜色的影响。后一种效应表现为从一颗恒星向我们传播的光与一个地面光源产生的光相比，同一谱线的位置会发生微小位移（多普勒原理）。支持麦克斯韦–洛伦兹理论的实验论据同时也是支持相对论的论据，这样的例子太多了，无法在这里一一阐述。在现实中，它们对理论上的可能性的限制程度如此之高，以至于除了麦克斯韦和洛伦兹的理论以外，没有任何其他理论能够经受住经验的检验。

但是到现在为止，有两类得到的实验事实只有通过引入一个辅助假设，才能在麦克斯韦 – 洛伦兹理论中加以表述，而这个假设就其本身而言——假如不利用相对论的话——看起来跟这种理论并无联系。

众所周知，阴极射线和由放射性物质发射的所谓的 β 射线是由惯性极小而速度很快的带负电的粒子（电子）构成的。通过研究这些射线在电场和磁场作用下的偏折，我们可以非常精确地研究这些粒子所遵循的运动规律。

在对这些电子的理论处理中，我们面临的困难是电动力学理论本身无法解释电子的性质。这是因为带同性电荷的质量相互排斥，构成电子的带负电荷的质量必然会由于它们相互排斥而分散开，除非它们之间有另一种力在起作用，我们到目前为止还不清楚这种力的性质。[1] 如果我们现在假设构成电子的带电质量之间的相对距离在电子运动过程中保持不变（经典力学意义上的刚性连接），那么我们就会得到一条与经验不符的电子运动定律。H. A. 洛伦兹在纯粹形式上的观点的引导下，首先提出这样一种假说：电子的形状由于运动而在运动方向上发生收缩，收缩长度与表达式$\sqrt{1-\frac{v^2}{c^2}}$成正比。这一假说无法用任何电动力学事实给出证明，但为我们提供了一条特殊的运动定律，近年来这条定律已得到了非常精确的证实。

相对论引出了同样的运动定律，而不需要对电子结构和行为做出任何特殊的假设。我们在第 13 节中讲到菲佐的实验内容时也得到过一个类似的结论，而相对论在不需要对液体的物理性质做出任何假设的情况

[1] 广义相对论很可能会表明，电子的带电质量是通过引力结合在一起的。——原注

下预言了这个结果。

我们提及的第二类事实关系到地球在空间中的运动能否在地面实验中被察觉。我们在第 5 节中已经指出，所有这种性质的尝试得到的都是否定的结果。在相对论提出之前，人们很难接受这种否定结果。现在我们来讨论其中的原因。沿袭下来的关于时间和空间的成见，使得从一个参考物体变化到另一个参考物体的伽利略变换所享有的首要地位不容置疑。现在假设麦克斯韦 – 洛伦兹方程适用于一个参考物体 K，于是如果我们假设 K 与另一个相对于它做匀速运动的参考物体 K' 的坐标之间存在着伽利略变换关系，就会发现这些方程在 K' 中不适用。由此看来，在所有伽利略坐标系中，存在一个对应于某种特定运动状态的坐标系（K），它在物理上是独一无二的。这个结果在物理上的解释是，K 被认为相对于假设存在于空间中的以太是静止的。另外，所有相对于 K 运动的坐标系 K' 都被认为是相对于以太运动的。假设相对于 K' 成立的那些形式更为复杂的定律，被归因于是由 K' 相对于以太的这种运动（相对于 K' 的“以太漂移”）而造成的。严格地说，相对于地球也应该假定有这样的以太漂移，因此物理学家们花费了很长一段时间致力于探测地球表面是否存在以太漂移。

在这些尝试中，最引人注目的是迈克尔孙（Michelson）设计了一种看似必然为决定性的方法。想象两面镜子被固定在一个刚体上，使它们的反射面相对。如果整个系统相对于以太处于静止状态，那么一束光线从一面镜子入射到另一面镜子后再被反射回来，就决定了一个完全确定的时间 T。然而，通过计算发现，如果这个刚体连同镜子在相对于以太运动，那么这个过程会需要一个略微不同的时间 T'。此外，还有一个要点：通过计算可以表明，对于一个给定的、相对于以太的速度 v，当物体垂直于镜子平面运动时与物体平行于镜子平面运动时，分别需要的时间 T' 是不同的。尽管这两个时间之间的估计差异非常小，但迈克尔孙和莫雷（Morley）做了一个应该可以清楚地检测到这一差异的干涉实验。然而实验得出的是一个否定的结果，这一事实令物理学家们感到非常困惑。洛伦兹和菲茨杰拉德（FitzGerald）将理论从这一困境中解救了出来。他们的解决方案是假设物体相对于以太的运动使物体在运动方向上发生了收缩，而此时收缩量刚好足以补偿上面提到的那个时间差。与第 12 节中所做的讨论进行比较，结果表明：从相对论的观点来看，这种解决问题的方案也是正确的。但基于相对论的解释方法更令人无比满意。根据相对论，不存在任何“特别有利的”（独一无二的）坐标系而使我们有必要引入以太的概念。因此，既不可能有以太漂移，也不可能有任何实验来证实这一点。这里，运动物体的收缩是根据相对论的两条基本原理得出的，无需引入任何特别的假设。我们发现引起这种收缩的主要因素并不是运动本身，因为我们对此不能赋予任何意义，而是相对于在相关的个别情况下所选择的参考物体的运动。因此，对于一个随地球运动的坐标系，迈克尔孙和莫雷的镜子系统并没有缩短，但是对于一个相对于太阳静止的坐标系来说，这个镜子系统确实缩短了。

17. 闵可夫斯基的四维空间

如果你不是一位数学家，那么当你听到“四维”事物时，就会感到一种神秘的战栗。这与被神秘思想唤醒的感觉并无不同。然而，我们生活的世界是一个四维时空连续体，这是再常见不过的说辞。

空间是一个三维连续体。我们这样说指的是，可以用 3 个数 x, y, z（坐标）来描述一个（静止）点的位置，并且在这个点附近有无限多个点，它们的位置可以用像 x_1, y_1, z_1 这样的坐标来描述，并且我们可以这样选出这些点，使它们的这些坐标接近第一个点的相应坐标值 x, y, z，要多么接近就能达到多么接近。鉴于后一种性质，我们就把整个实体称为一个“连续体”，又由于此时有 3 个坐标，我们将这个连续体称为“三维的”。

同样，被闵可夫斯基（Minkowski）简称为“世界”的物理现象世界在时空意义上自然是四维的。因为它是由单个事件组成的，其中每个事件都用 4 个数来描述，即 3 个空间坐标 x, y, z 和 1 个时间坐标（即时间值 t）。“世界”在这个意义上也是一个连续体，因为对于每一个事件，只要我们愿意选择，就存在着要多么接近就能达到多么接近的多个“相邻”事件（已实现的或至少是可以想象的），使它们的坐标 x_1, y_1, z_1, t_1 与最初考虑的事件的坐标 x, y, z, t 无限接近。我们还不习惯把这个世界看成四维连续体，这是由于在相对论出现之前，与空间坐标相比，时间在物理学中发挥着不同的、更独立的作用。正是出于这个原因，我们一直习惯于把时间看成一个独立的连续体。事实上，根据经典力学，时间是绝对的，即它不依赖坐标系统的位置和运动情况。我们看到了这一点，它在伽利略变换的最后一个方程（$t'=t$）中体现出来。

在相对论中，对“世界”采用四维思考模式是自然的，因为根据这一理论，时间的独立性已经丧失了。洛伦兹变换的第四个方程表明了这一点。

$$t'=\frac{t-\frac{v}{c^2}x}{\sqrt{1-\frac{v^2}{c^2}}}$$

此外，根据这个方程，即使当两个事件相对于 K 的时间差 Δt 为零，这两个事件相对于 K' 的时间差 $\Delta t'$ 一般也不会为零。两个事件相对于 K 的纯“空间距离”会转化成这两个事件相对于 K' 的“时间距离”。不过，闵可夫斯基所做出的对相对论的形式发展具有重要意义的发现并不在这里。更确切地，这一重要性在于他所认识到的以下事实：相对论的四维时空连续体在其最本质的那些形式特征上与欧几里得几何空间的三维连续体有一个明确的关联。[1] 然而，为了使这种关联得到充分的突出地位，我们必须将通常的时间坐标 t 用与之成正比的虚数量 $\sqrt{-1}\cdot ct$ 来代替。在这些条件下满足（狭义）相对论要求的自然规律所具有的数学形式中，时间坐标与 3 个空间坐标的地位完全相同。在形式上，这 4 个

[1] 参见附录2给出的更为详细的讨论。——原注

坐标与欧几里得几何中的 3 个空间坐标完全相应。即使你不是一位数学家也必定能清楚地看出，对我们的知识进行这种纯粹形式补充的结果是，相对论必然在极大程度上变得更为明晰。

这些并不充分的评注只能让读者对闵可夫斯基所贡献的重要思想有一个含糊的概念。如果没有他的思想，广义相对论（本书接下去的内容会阐明其基本思想）也许不会脱离它的襁褓。对于那些不熟悉数学的读者而言，闵可夫斯基的研究工作无疑是很难理解的，但是在理解狭义相对论和广义相对论的基本思想时，都没有必要非常精确地把握这项研究，因此我现在就此打住，等到第二部分接近尾声时才会再回到这个话题上来。

第二部分　广义相对论

18. 狭义和广义的相对性原理

作为我们前面所有考虑的核心的基本原理是狭义的相对性原理，即关于所有匀速运动的物理相对性原理。让我们再来仔细分析一下它的含义。

很明显，从狭义相对论所传递给我们的思想来看，所有运动都只能视为相对运动。回到我们常用的铁路路基和火车车厢的例子，我们可以用下面两种形式来表示这里所发生的运动的事实，这两种形式同样无可非议。

（a）车厢在相对于路基运动。

（b）路基在相对于车厢运动。

在我们讲到正在发生的运动时，在（a）中充当参考物体的是路基，在（b）中则是车厢。如果我们的问题仅仅是探测或描述所涉及的运动，那么我们相对于哪个参考物体来考察这一运动在原则上是无所谓的。正如前面说过的，这是不言而喻的，但这绝不能与已作为探究基础的、被称为“相对性原理”的这一更为全面的说法相混淆。

我们所使用的这条相对性原理不仅认为，我们可以等同地选择车厢或路基来作为我们描述任何事件的参考物体（这也是不言而喻的）。这条原理还断言：如果我们用

（a）路基作为参考物体，

（b）车厢作为参考物体，

来阐述从经验得出的普遍自然定律，那么这些普遍自然定律（例如力学定律或光在真空中传播的定律）在这两种情况下都会具有完全相同的形式。这一说法也可以表述如下：就自然过程的物理描述来说，参考物体 K 和 K' 相比，其中任何一个都不是唯一的（字面意思是“特别选定的”）。与前一种说法不同，后一种说法不必先验地成立。它不包含在“运动”和“参考物体”的概念中，也不能由它们推演出来；只有经验才能决定它正确与否。

然而叙述到此，我们在阐明自然规律方面还没有坚称所有参考物体 K 的等价性。我们的叙述更多地是遵循以下路线。首先，我们从假设存在一个参考物体 K 开始，它的运动状况使伽利略定律相对于它是适用的：一个离其他粒子足够远的独立粒子沿着一条直线做匀速运动。以 K（伽利略参考物体）为参考，自然定律应该尽可能简单。但是除了 K 以外，在这个意义上，所有参考物体 K' 都应该享有同样的优先级。因此，只要它们相对于 K 处于无转动的匀速直线运动状态，那么它们在阐述自然定律方面就应该完全等价于 K。所有这些参考物体都会被视为伽利略参考物体。以前我们假定相对性原理的有效性只对这些参考物体成立，而对其他参考物体（如具有不同运动类型的参考物体）则不成立。在这个意义上，我们谈及狭义的相对性原理或相对性的狭义理论。

与此形成对比，我们想把以下陈述说成“广义的相对性原理”：所有参考物体 K、K' 等在描述自然现象（阐述普遍自然规律）时都是等价的，而不论它们的运动状态如何。但是，在进一步讨论之前应当指出，以后这种表述必须用一种更抽象的表述来取代，其中的理由在后面的一个阶段中会变得明显。

自从引入狭义的相对性原理被证明是有道理的以来，每一个奋力想要将它广义化的有才智人士都必定感受到了向着广义的相对性原理迈进的诱惑。但是，只要经过简单而显然相当可靠的考虑似乎就可以表明，至少就当前而言，这种尝试几乎没什么成功的希望。让我们想象一下自己再次移步到我们的老朋友——火车车厢那里，它正在匀速前进。只要它的运动是匀速的，车厢里的乘客就不会感觉到它在运动。正因为如此，他就会欣然地把这种情况下的各种事实解释为表明车厢是静止的，而路基是在运动着的。此外，根据狭义的相对性原理，这种解释从物理学的角度来看也是完全有道理的。

如果车厢的运动现在变成非匀速运动，例如猛地一个急刹车，那么车厢里的乘客就会相应地向前猛冲。这种减速运动相对于车厢里的人由物体的力学行为表现出来。这种力学行为与以前考虑的车厢匀速运动的情况不同，因此相对于静止或匀速运动的车厢成立的那些力学定律，似乎不可能相对于非匀速运动的车厢也同样成立。无论如何，伽利略定律显然不适用于非匀速运动的车厢。正因为如此，在目前这个当口，我们感到不得不赋予非匀速运动一种绝对的物理实在性，而这是与广义的相对性原理相悖的。但我们在随后的讨论中会很快看到，这一结论并不能维持下去。

19. 引力场

假设我们捡起一块石头，然后松手，那这块石头为什么会掉在地上？对于这个问题，通常的回答是："因为它受到了地球的吸引。"现代物理学对这个问题的回答则有着很不相同的表述方式，其原因如下。在对电磁现象进行了更仔细的研究之后，我们渐渐地认识到，如果没有某种中间介质的介入，超距作用是不可能发生的。例如，如果一块磁铁吸引了一个铁块，我们就不能满足于认为这意味着磁铁通过中间空的空间直接作用在铁块上，于是我们非得想象——按照法拉第的方式——磁铁总在它周围的空间中形成某种物理上真实的东西，这种东西就是我们所谓的磁场。这个磁场转而作用在那个铁块上，使后者奋力朝着磁铁移动。我们在这里不讨论这一伴随而来的概念的合理性，因为它确实是一个有些武断的概念。我们只提一下，借助磁场这一概念，电磁现象可以在理论上被更令人满意地表示出来，并且这尤其适用于电磁波的传输。引力的作用也可以用类似的方式来看待。

地球对石头的作用是间接发生的。地球在其周围产生一个引力场，引力场作用于石头并使其发生下落运动。正如我们从经验中知道的，当物体离地球越来越远时，地球对物体的作用强度会依据一条相当确定的定律减弱。从我们的观点来看，这意味着：为了正确表示引力作用随着产生引力的物体之间的距离增大而减小，支配着空间引力场性质的定律必定是完全确定的。这条定律是这样的：物体（如地球）在它的近邻区域直接产生一个场，而支配引力场自身在空间中的各条性质的定律就决定了离该物体较远的各点的场的强度和方向。

与电场和磁场相比，引力场表现出一种极其值得注意的特性，这对接下来要讨论的内容具有根本的重要性。只受引力场作用而运动的物体会得到一个加速度，这个加速度既丝毫不依赖物体的构成物质，也不依赖该物质的物理状态。比如说，如果一块铅和一块木头初始时都处于静止状态或具有相同的初速度，那么它们在引力场中会以完全相同的方式下落（在真空中）。这条极其精确地成立的定律可以按照以下考虑用另一种形式来表达。

根据牛顿运动定律，我们有：

$$（力）=（惯性质量）\times（加速度）$$

其中，“惯性质量”是关于该加速物体的一个特有的常量。如果现在该加速度由引力产生，那么我们有：

$$（力）=（引力质量）\times（引力场强度）$$

其中，“引力质量”也是该物体的一个特有的常量。从这两个关系式可以看出：

$$（加速度）=\frac{（引力质量）}{（惯性质量）}\times（引力场强度）$$

如果现在正如我们从经验中发现的那样，该加速度不依赖物体的性质和状态，并且对于一个给定的引力场总是相同的，那么上面的引力质量与惯性质量之比对于所有物体也必定是相同的。通过选择适当的单位，我们就可以使这个比例等于 1。于是我们得到以下定律：物体的引力质量等于它的惯性质量。

确实，这条重要定律在力学中早已被记录在案，但从未有过解释。只有当认识到以下事实时，我们才能得出一个令人满意的解释：一个物体的同一性质，根据它所处的环境，有时表现为“惯性”，有时表现为“重量”（字面意思是“沉重性”）。在下一节中，我们会说明这一点在多大程度上是事实，以及这个问题如何与相对论的总公设相联系。

20.惯性质量与引力质量相等作为相对论总公设的一个论据

我们想象空的空间中的很大一部分，它如此远离恒星和其他可感知的质量，因此我们所面临的一些情况大致满足伽利略基本定律的要求。这样就有可能为这部分空间（世界）选择一个伽利略参考物体，使得相对于这个物体静止的点都会保持静止，而运动的点则会永远保持匀速直线运动。作为参考物体，让我们想象一个像房间那样的宽敞箱子，里面有一位配备了仪器的观察者。对于这位观察者，当然并不存在引力。他必须用绳子把自己拴在底板上，否则只要他最轻微地撞击一下底板，他就会慢慢地朝着箱盖方向升上去。

在箱盖的中间，有一个钩子固定在外面，钩子上系着绳子。现在有一个“生物”（对我们来说这是什么样的生物并不重要）开始以一个恒定的力拉这根绳子。于是箱子与观察者一起开始匀加速“向上”运动。随着时间的推移，它们的速度将达到前所未有的值——这是我们从另一个没有绳子拉着的参考物体上观察到的。

但是箱子里的那一位观察者是如何看待这个过程的呢？箱子的加速度将通过箱子底板的反作用力传递给他。因此，如果他不希望全身平躺在底板上，就必须用腿来承受这种压力。于是他站在箱子里，就像任何一个人站在地球上的一座房子的一个房间里那样。如果他释放先前拿在手里的一个物体，那么箱子的加速度就不会再传递给这个物体，因此这个物体将以加速的相对运动落向箱子的底板。观察者会进而使自己确信：无论他在实验中使用的是哪种物体，该物体向着箱子底板运动的加速度的大小总是一样的。

箱子里的人根据他对引力场的知识（如前一节所述），就会得出这样的结论：他和箱子正处于一个引力场中，而且这个引力场相对于时间是恒定的。当然，他会对于箱子为什么不会在这个引力场中下落感到片刻的困惑。然而正当此时，他发现了箱盖中间的钩子和系在钩子上的绳子，于是他得出结论，箱子是静止地悬浮在引力场中的。

我们是否应该对这个人微笑着说他的结论出了差错？我认为，如果我们希望确保一致，就不应该这样做。我们反而要认可，他对整个情况的把握方式既不违反理性，也不违反已知的各种力学定律。即使箱子在相对于最初考虑的那个“伽利略空间”加速，我们仍然可以认为箱子是静止的。因此，我们有充分的理由把相对性原理扩展到将彼此相对加速的参考系也包括在内，由此我们就得到了支持推广相对性公设的一个有力论据。

我们必须小心地指出，这种解释模式的可能性是基于所讨论引力场能使所有物体都具有相同加速度这一基本性质的，或者等价的说法是取决于惯性质量与引力质量相等这一规律。如果这条自然规律不存在，那么待在加速箱子里的人将无法用一个引力场的假设来解释他周围事物的行为，而且他在经验的基础上假设他的参考物体是“静止的”也就没有道理了。

假设箱子里的人在箱盖内侧固定一根绳子，并在绳子的另一端系上一个物体。这样做的结果是绳子被拉伸，从而使该物体“竖直”向下悬挂着。如果我们询问什么导致绳子中产生了张力，箱子里的人会说：“悬挂着的物体在引力场中受到一个向下的力，这个力被绳子的张力抵消了，而决定绳子的张力大小的是所悬挂物体的*引力质量*。”另外，自由平衡在空间中的观察者会对事物的整个状况做出这样的解释：“绳子必定要参与箱子的加速运动，并将这种运动传递给与之相连的物体。绳子的张力刚好足以产生该物体的加速度。决定绳子张力大小的是物体的*惯性质量*。”在这个例子的指引下，我们看到了我们对相对性原理的扩展就蕴含着惯性质量与引力质量相等这一法则的*必要性*。这样，我们就得到了关于这条法则的物理解释。

从对被加速的箱子的考虑，我们看出广义相对性原理必定会对关于引力的各条定律产生一些重要结果。事实上，对相对性普遍概念的系统研究给出了引力场应满足的一些定律。不过在进一步讨论之前，我必须警告读者不要因为这些考虑而产生一个错觉。尽管事实上在一开始选择的那个坐标系中没有这样的引力场，但是对于箱子里的人来说存在着一个引力场。现在我们多半可能会假设引力场的存在始终只是一个*表观的*存在。我们也可能会认为，不论可能存在何种引力场，我们总是可以选择另一个参考物体，使得相对于它*不存在*引力场。这些绝不可能对于所有引力场来说都是正确的，而只适用于那些具有非常特殊的形式的引力场。例如，要选出一个参考物体，根据这个物体会判断出地球的引力场（全部）消失，那就是不可能的。

我们现在可以弄清楚我们在第 18 节结束时提出的反对广义相对性原理的论点为什么是没有说服力的。火车车厢里的观察者会因为刹车的作用而向前猛冲，并且由此意识到车厢在做非匀速运动（减速运动）。但是，不会有人强迫他把这个前冲称为车厢的“真正”加速度（减速）。他也可以这样解释他的经历：“我的参考物体（车厢）永远处于静止状态。不过相对于它，（在刹车期间）存在着一个随时间变化的、方向向前的引力场。在这个引力场的作用下，路基连同地球在做非匀速运动，以致它们向后的初始速度不断减小。”

21. 经典力学和狭义相对论的基础在哪些方面不能令人满意

我们已经说过好几次了，经典力学是以下面的定律为出发点的：距离其他物质粒子足够远的物质粒子会维持其原来的匀速直线运动状态，或维持其原来的静止状态。我们还反复强调过，这条基本定律只能适用于具有某些独特运动状态的参照物体 K，而且这些参照物体彼此相对做匀速平动。相对于其他参考物体 K'，该定律不成立。因此，在经典力学中，也在狭义相对论中，我们区分了参考物体 K 和 K'。得到认可的那些“自然定律”相对于前者可以说是成立的，而相对于后者则不成立。

但是，对于任何思维模式合乎逻辑的人来说，这一切都不会令人感到满意。他会问：“为什么某些参考物体（或它们的运动状态）要优于其他参考物体（或它们的运动状态）？”导致这种优先的因素是什么？我将打个比喻来清楚地表明我说的这个问题是什么意思。

我正站在煤气灶前。灶台上并排摆放着两个非常相似的平底锅，人们很可能会把其中一个误认为另一个。两个锅里都有半锅水。我注意到其中的一个锅在不断地冒出蒸汽，而另一个锅不冒。即使我从没见过煤气灶，也从没见过平底锅，我也会对此感到惊讶。但是，如果我现在注意到在其中一个平底锅下面有些明亮的、略带蓝色的东西，而在另一个平底锅下面则没有，那么即使我以前从未见过煤气燃烧的火焰，我也不再会感到惊讶了。因为我只能说，这些略带蓝色的东西会导致蒸汽冒出，或者至少它可能会这样。然而，如果我在这两个锅的下方都没有注意到那些略带蓝色的东西，而如果我观察到其中一个锅在不断地冒出蒸汽，而另一个锅不冒，那么我就仍然会感到惊讶和不快。直到我发现了某种情况，从而可以把两个锅的不同表现归因于此，我的这种情绪才会消失。

类似地，我曾在古典力学（或狭义相对论）中寻求一种真实的东西，可以用来解释相对于参考系 K 和 K' 来考虑时物体的行为为何有所不同，但未果。[1] 牛顿看到了这个障碍，并试图消除它，但没有成功。不过，E. 马赫（E. Mach）最清楚地认识到这一点，并且由于这个障碍，他主张力学应建立在一个新的基础上。只有应用符合广义相对性原理的物理学才能摆脱它，因为这样一种理论的各方程对于任何一个参照物体都成立，而不管它处于怎样的运动状态。

[1] 参考物体的运动状态具有这样一种性质：它不需要任何外部动因来维持其运动状态，例如当参考物体匀速旋转时，我为了达到这一目的而遇到的障碍就尤其重大。——原注

22. 广义相对性原理的几个推论

第 20 节的考虑表明，广义相对性原理使我们能够以纯理论的方式推导出引力场的一些性质。例如，假定我们对于任何自然变化过程都知道它的时空“历程”。这里指的是知道这个过程在相对于一个伽利略参考物体 K 的伽利略区域中发生时所呈现出的情况。那么通过纯粹的理论操作（即只通过计算），我们就可以发现从一个相对于 K 加速的参考物体 K' 来看，这个已知的自然过程是如何呈现的。但是由于相对于这个新参考物体 K' 存在着一个引力场，因此我们的考虑也就告诉我们这个引力场会如何影响所研究的过程。

例如，如果我们知道有一个物体相对于伽利略参考物体 K 处于匀速直线运动状态，那么根据伽利略定律，它相对于加速参考物体 K'（箱子）正在做加速运动，并且一般而言是曲线运动。这个加速度或曲率对应于相对于 K' 存在的引力场对运动物体的影响。众所周知，引力场以这种方式对物体的运动产生影响，以致我们的考虑并没有给我们提供任何本质上的新东西。

然而，当我们对一束光线进行类似的思考时，就得到了一个具有根本重要性的新结果。相对于伽利略参考物体 K，这样一束光线以速度 c 沿直线传播。很容易表明，当我们相对于加速箱子（参考物体 K'）来考虑时，同一束光线的路径就不再是一条直线了。由此我们得出结论：一般而言，*光线在引力场中沿曲线传播*。这一结果在以下两个方面都具有极大的重要性。

首先，它可以与实际情况相比较。对这个问题进行详细研究的结果表明，虽然此时广义相对论对光线弯曲的要求对于我们实践中可使用的引力场而言只是非常小的，但是对于掠射经过太阳的光线而言，其偏折量估计仍然可达 1.7 角秒。这应该以下列方式呈现出来。从地球上看，某些恒星出现在太阳附近，因此在日全食期间能够观测到它们。当太阳位于天空中的其他区域时，这些恒星在天空中有它们的视位置，而相比之下，它们在日全食时看起来应该向外偏离太阳由上文所指出的量。检验这一推绎得出的结论是否正确是一个极其重要的问题，希望天文学家能尽早解答这个问题。[1]

其次，我们的结果表明，根据广义相对论，真空中光速恒定这一定律不能具有毫无限制的有效性。我们已经频繁提到过的这条定律构成了狭义相对论的两条基本假设之一。光线弯曲只在光的传播速度随位置变化时才会发生。现在我们可能会认为，作为上述结果，狭义相对论以及由此涉及的整个相对论都将被推翻。但实际上并非如此。我们只能得出这样的结论：狭义相对论不能在一个毫无限制的领域中具有有效性；只

[1] 1919年5月29日日食期间，由英国皇家学会和英国皇家天文学会联合委员会提供装备的两支探险队拍摄的照片首次证实了相对论所预言的光线偏折确实存在。（参见附录3。）——原注

有当我们能够忽略引力场对现象（例如光的现象）的影响时，狭义相对论的结果才成立。

由于相对论的反对者经常声称狭义相对论被广义相对论推翻了，因此通过适当的比喻来使这个情况的种种事实更加清楚，也许是一种明智的做法。在电动力学创立之前，静电学的各条定律就被视为电学的定律。如今我们知道，只有在某种从未严格地实现过的情况下，电场才能通过静电考虑而正确地导出。这指的是以下情况：各带电质量相对于彼此以及相对于坐标系都完全静止。我们是否就此而有理由说，静电学被电动力学中的麦克斯韦电磁场方程组推翻了？绝对不是。静电学作为一种极端情况而被包含在电动力学中。在场不随时间变化的情况下，从电动力学的定律就能直接导出静电学的定律。任何物理理论所能得到的最公平的命运，莫过于它本身应该为一种更全面的理论的引入指明道路，而原来的理论在这种更全面的理论中作为一种极端情况继续存在。

在刚才讨论过的关于光的传播的例子中，我们已经看到广义相对论能使我们从理论上推导出引力场对自然过程的影响。关于这些自然过程的定律，在引力场不存在的情况下是已知的。但是最吸引人的问题是去研究引力场本身所满足的定律，而广义相对论是解决这一问题的关键。让我们来对此稍作考虑。

我们熟悉在适当选择参考物体的情况下（近似地）表现为“伽利略”式的那些时空区域，即不存在引力场的区域。如果我们现在从一个做任何一种形式的运动的参考物体 K' 来考察这样的一个区域，那么相对于 K' 就存在着一个关于空间和时间可变的引力场。[1] 这个场的特征当然取决

[1] 这是对第20节中的讨论进行推广的结果。——原注

于我们为 K' 所选择的那种运动。根据广义相对论，可以用这种方式获得的所有引力场都必须满足引力场的普遍规律。尽管绝非所有的引力场都能以这种方式产生，但我们仍抱有从这样一种特殊的引力场中推导出引力普遍定律的希望。这一希望以最美妙的方式实现了。但是，在这一目标的明确前景和它的实际实现之间，还必须克服一个很大的困难。因为这一困难深深地根植于事情的本原之中，我不敢对读者有所隐瞒。我们还需要进一步扩展时空连续体的一些概念。

23. 旋转参考物体上的时钟和测量杆的行为

迄今为止，我一直有意避免谈及空间数据和时间数据在广义相对论情况下的物理解释。因此，我对论述过程中一定程度的马虎感到内疚，正如我们从狭义相对论中所得知的那样，这种论述方式远非微不足道和可以原谅。现在是弥补这一不足之处的时候了。但我想在一开始就提出，叙述这一内容会对读者的耐心和抽象能力提出不小的要求。

我们仍然从以前经常遇到的一些非常特殊的情况开始。让我们考虑一个时空区域，在其中相对于一个运动状态已适当选定的参考物体 K 不存在引力场。于是关于所考虑的区域，K 是一个伽利略参考物体，并且狭义相对论的结果相对于 K 成立。我们假设相对于另一个参考物体 K' 来考察同一参考域，K' 在相对于 K 匀速旋转。为了使我们的思考有明确的对象，我们会把 K' 想象成一个平面圆盘，它在其自身平面内绕其中心匀速旋转。一位偏心地坐在圆盘 K' 上的观察者会感觉到一个沿半径方向向外的力，而一位相对于原始参考物体 K 静止的观察者会将其解释为一种惯性效应（离心力）。但是，圆盘上的这位观察者可能认为他的圆盘是一个"静止"的参考物体。从广义相对性原理来看，他这样认为是有道理的。他认为作用在他自己身上（实际上也作用在相对于圆盘静止的其他物体上）的力是一个引力场的作用。然而，这种引力场的空间分布在牛顿的引力理论中是不可能存在的。[1] 但是由于这位观察者相信广义相对论可行，因此这并没有使他感到不安。他相信可以系统地提出一条关于引力的普遍定律（在这一点上，他是完全正确的）——这条定律不仅能正确地解释恒星的运动，而且能解释他自己所体验到的力场。

这位观察者在他的圆盘上用时钟和测量杆做实验。他这样做的意图是根据他的观察对参考圆盘 K' 中的时间数据和空间数据的意义做出准确的定义。他在这项活动中会体验到什么？

首先，他取出两个结构完全相同的时钟，把其中一个放在圆盘的中心，另一个放在圆盘的边缘，于是，它们就相对于圆盘处于静止状态。我们现在问自己，从非旋转的伽利略参考物体 K 来看，这两个时钟是否走得一样快？从这个参考物体来判断，位于圆盘中心的时钟没有速度，而位于圆盘边缘的那个时钟由于旋转的缘故而在相对于 K 运动。根据第 12 节得出的结果，若从 K 进行观察，位于圆盘边缘的时钟始终比位于圆盘中心的时钟走得慢。我们想象一位带着他的时钟坐在圆盘中心的观察者，显而易见，他也会注意到同样的效应。因此，在我们的圆盘上，或者更一般的情况是在每一个引力场中，时钟走得是快还是慢取决于该时钟所处的（静止）位置。由于这个原因，借助相对于参考物体静止的

[1] 该场在圆盘中心消失，而当我们向外运动时，场强会随着我们到中心的距离增大而成比例地增大。——原注

那些时钟，是不可能得出时间的一个合理定义的。当我们试图在这样一种情况下应用我们先前对同时的定义时，也会出现类似的困难，但我不想再对这个问题做深入的讨论了。

此外，在这一阶段，空间坐标的定义也呈现出不可克服的困难。如果观察者使其标准测量杆（一根比圆盘半径短的杆）与圆盘边缘相切，那么从伽利略坐标系来判断，这根杆的长度将小于1，这是因为根据第12节所述，运动物体在运动方向上会缩短。另外，如果将测量杆沿半径方向放置在圆盘上，那么从K进行判断，测量杆的长度不会缩短。于是，如果观察者先用测量杆测量该圆盘的周长，然后测量该圆盘的直径，那么他用周长除以直径之后，就不会得到我们所熟悉的数字 $\pi=3.14\cdots$，而是一个比它大的数字。[1] 而对于一个相对于K静止的圆盘来说，这样的一个操作当然会恰好给出 π。这证明欧几里得几何的命题在旋转圆盘上不能精确成立，在一般而言的引力场中也不能精确成立，至少当我们认定在所有位置和每个方向上放置的杆都具有单位长度1时是这样。于是直线的概念也失去了它的意义。因此，我们不能用讨论狭义相对论时所用的方法来精确地定义与圆盘有关的坐标x, y, z，并且只要事件的坐标和时间没有被定义，我们就不能对这些事件发生时所遵循的自然规律赋予确切的意义。

因此，我们以前基于广义相对论得出的所有结论似乎都会受到质疑。事实上，为了准确地应用广义相对论的假设，我们必须做一个精妙的迂回。我将在下面几节中使读者对此做好准备。

[1] 在整个考虑过程中，我们必须使用伽利略（非旋转）坐标系K作为参考物体，因为我们只能假设狭义相对论的结果相对于K的有效性（相对于K'存在着一个引力场）。——原注

24. 欧几里得连续体和非欧几里得连续体

一张大理石桌子的桌面在我的面前伸展开来。从桌面上的一个点连续地移动到其上的一个“相邻”点，并重复这个过程（非常）多次，换句话说，从一点不“跳跃”地移动到另一点。用这种方法，我可以从桌面上的任何一点到达任何其他点。我相信读者能够非常清楚地理解我在这里所说的“相邻”和“跳跃”是什么意思（如果他不是太学究的话）。我们通过将桌面称为一个连续体来表征它的这种性质。

现在让我们想象一下，已经制造了大量等长的小杆，与大理石桌面的尺寸相比，它们的长度很小。我说它们具有相等的长度的意思是，可以将其中的任何一根放在另一根上而使它们的端点两两重合。接下来，我们将 4 根这样的小杆放在大理石桌面上，就构成了一个四边形（一个正方形），它的两条对角线一样长。为了确保对角线相等，我们要用到一根小测试杆。我们在这个正方形旁边添加 4 个同样的正方形，其中每一个都与第一个正方形有一根公共杆。我们以同样的方式处理每一个正方形，直到最后整块大理石桌面上都铺满了正方形。这样整齐摆放的结果是，一个正方形的每条边都属于两个正方形，每个交点都属于 4 个正方形。

我们能在不陷入极大困境的情况下实现这一排布真是个奇迹。我们只需要考虑以下几点。任何时刻，如果已有 3 个正方形相交于一个交点，那么第四个正方形的两条边就已经安放好了，因此第四个正方形的其余两条边的排布也已经完全确定。但我现在不能再调整四边形，使其具有相等的对角线。如果它们自动相等了，那么这是出于大理石桌面和小杆的特别恩惠，对此我只能既惊喜又感恩。如果这一构建过程取得成功，我们必定会经历许多次这样的惊喜。

如果一切都确实进展顺利，那么我就说大理石桌面上的点相对于小杆构成了一个欧几里得连续体，其中小杆被用作一个“距离”（线间隔）。通过选择一个正方形的一个交点作为“原点”，我可以用两个数来描述一个正方形的所有其他交点相对于这个原点的位置特征。我只需要说明为了到达所考虑的正方形的交点，必须从原点开始“向右”再“向上”通过多少根杆。那么“向右”的和“向上”的这两个数就是这个交点相对于“笛卡儿坐标系”的“笛卡儿坐标”,而这里的“笛卡儿坐标系”是由小杆的排布确定的。

通过对这个抽象实验进行以下修改，我们认识到必定也存在着某些实验会失败的情况。假设这些小杆的“膨胀”程度与温度的升高成正比。我们对大理石桌面的中心部分加热，但不加热其外围。在这种情况下，在桌面上的每个位置仍然会有两根小杆重合。但是我们的正方形建构在加热过程中必然会出现混乱，因为桌面中央区域的小杆会膨胀，而外围部分的小杆则不会。

以我们定义为单位长度的这些小杆为参考，此时大理石桌面不再是一个欧几里得连续体，我们也不能再借助它们来直接定义笛卡儿坐标，这是因为上述构建过程无法再进行。但是，由于还有其他一些东西，它们受桌子温度影响的方式与小杆不同（或者可能根本不受影响），因此，很自然地可以坚持大理石桌面是一个“欧几里得连续体”这样一种观点。通过对长度的测量或对长度的比较制定一条更加微妙的规定，就能以令人满意的方式做到这一点。

但是，如果将小杆置于不均匀加热的大理石桌面上时，每种（即每种材料的）小杆对于温度影响的*表现方式相同*，并且如果在类似于上面所描述的实验中，除了杆子的几何行为之外，我们没有其他方法来探测温度的影响，那么我们的最佳计划就是将桌面上两点之间的距离指定为1，前提是我们可以使一根杆的两端与这两点重合。因为不然的话，我们应该如何定义距离，才能不让我们的过程在最大尺度上变得非常任意？于是，笛卡儿坐标法必须被抛弃，取而代之的是另一种方法，它并不假定欧几里得几何对刚体是适用的。[1] 读者会注意到这里所描述的情形与相对论的总公设（第 23 节）所带来的情形相对应。

[1] 我们的问题在数学家们的面前呈现的形式如下。如果给我们三维欧几里得空间中的一个曲面（例如一个椭球面），那么对这个曲面来说正如对平面来说一样，存在一种二维几何。高斯处理这种二维几何时，只使用一些基本原理，而不利用这个曲面属于三维欧几里得连续体这一事实。如果我们设想用刚性杆*在这个曲面上*（类似于上文中的大理石桌面）进行一些构建，那么我们就会发现在这些构建上成立的定律与基于欧几里得平面几何学得出的那些是不同的。这个面不是相对于杆的欧几里得连续体，我们*在这个面上*不能定义笛卡儿坐标。高斯指出了处理这个面上的几何关系所依据的原理，从而指明了通向黎曼处理各种多维的、非欧几里得*连续体*的方法的道路。因此，数学家很久以前就解决了由相对论普遍公设所引出的这些形式问题。——原注

25. 高斯坐标

根据高斯（Gauss）的理论，这种分析与几何相结合的处理问题的模式可以通过以下方式得到。我们设想在这个桌面上画出一个任意曲线体系（见图 4）。

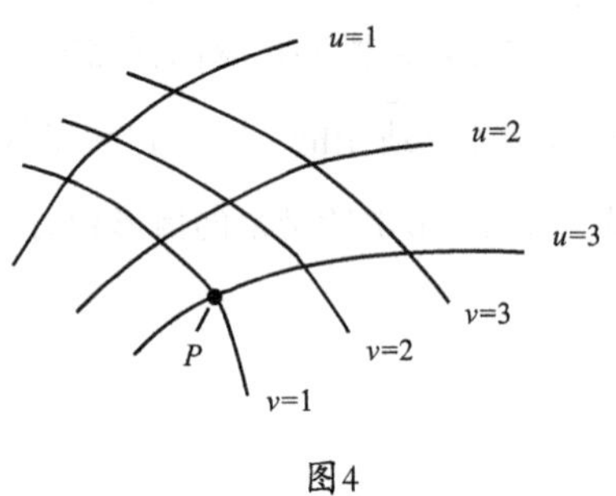

图4

我们将这些曲线命名为 u 曲线，其中的每一条用一个数来表示。图中画出了曲线 $u=1$，$u=2$ 和 $u=3$。在曲线 $u=1$ 和 $u=2$ 之间，我们必须想象还可以画出无限多条曲线，它们全都对应于从 1 到 2 之间的实数。于是我们有一个 u 曲线体系，并且这个“无限密集”的体系覆盖了整个桌面。这些 u 曲线不能互相交叉，并且必定有且仅有一条这样的曲线通过这个桌面上的每个点。因此，对于大理石桌面上的每个点，都有一个完全确定的 u 值。以同样的方式，我们想象在这个桌面上画出一个 v 曲线体系。这些 v 曲线满足与 u 曲线相同的条件，它们以相应的方式用数来表示，并且可以具有任意形状。由此得出的结论是，桌面上的每个点都有一个 u 值和一个 v 值。我们将这两个数字称为桌面的坐标(高斯坐标)。例如，图中的点 P 具有高斯坐标 u=3, v=1。设这个桌面上的相邻两点 P 和 P' 对应的坐标如下。

P: u, v

P': $u + \mathrm{d}u, v + \mathrm{d}v$

其中，du 和 dv 表示非常小的数。按照类似的方式，我们可以把 P 和 P' 之间的距离（线间隔，用一根小杆测出）用非常小的数字 ds 来表示。那么根据高斯的理论，我们有：

$$\mathrm{d}s^2 = g_{11}\mathrm{d}u^2 + 2g_{12}\mathrm{d}u\mathrm{d}v + g_{22}\mathrm{d}v^2$$

其中，g_{11}，g_{12}，g_{22} 是以完全确定的方式依赖 u 和 v 的量。g_{11}，g_{12}，g_{22} 这几个量决定了杆相对于 u 曲线和 v 曲线（因此也就是相对于桌面）的行为。对于被考虑的桌面上各点相对于测量杆形成一个欧几里得连续体的情况，而且只有在这种情况下，我们才可能如此画出 u 曲线和 v 曲线，并以某种方式为各点指定数字，从而能简单地得到：

$$\mathrm{d}s^2 = \mathrm{d}u^2 + \mathrm{d}v^2$$

在这些条件下，u 曲线和 v 曲线就是欧几里得几何意义上的直线，并且它们相互垂直。这里的高斯坐标就是笛卡儿坐标。显而易见，高斯坐标只不过是把两组数字与所考虑的桌面上的各点联系起来，而这种联系的性质是彼此相差极小的数值对应于“空间”中相邻的两点。

到目前为止的这些考虑适用于二维连续体，但高斯方法也可以应用于三维、四维甚至更高维的连续体。例如，倘若有一个四维连续体，那么我们就可以用以下方式来表示它。对于这个连续体的每一点，我们将它与任意 4 个数字 x_1, x_2, x_3, x_4 相关联，这 4 个数字称为“坐标”。相邻点对应于相邻的坐标值。如果存在一个距离 ds 与相邻点 P 和 P' 相联系，那么从物理角度来看，这个距离就是可测量的、定义明确的，于是就有以下公式：

$$ds^2 = g_{11}dx_1^{\ 2} + 2g_{12}dx_1dx_2 + \dots + g_{44}dx_4^{\ 2}$$

其中，与 g_{11} 等量的值随着在连续体中的位置而变化。只有当连续体是欧几里得连续体时，才有可能为连续体上各点赋予坐标 x_1，…，x_4，使我们得到以下简单的表达式：

$$ds^2 = dx_1^{\ 2} + dx_2^{\ 2} + dx_3^{\ 2} + dx_4^{\ 2}$$

在这种情况下，类似于三维测量中成立的一些关系在四维连续体中也成立。

不过，我们上面给出的对 ds^2 的高斯处理方法并不总是可行的。只有当考虑的连续体中足够小的区域可以被视为欧几里得连续体时，才可能这样处理。例如，这显然适用于大理石桌面和温度局部变化的情况。对于大理石桌面的一小部分来说，温度几乎是恒定的，因此杆的几何行为几乎与欧几里得几何规则一致。因此，前一节中构建正方形的过程中的缺陷要到这种结构延伸到桌面上相当大的部分时才会清楚地显示出来。

我们可以把这些总结如下：高斯发明了一种处理连续体的一般数学方法，其中定义了“大小关系”（相邻点之间的“距离”）。对于连续体的每一点，都为其指定了与连续体维数一样多的数（高斯坐标）。这种方法是这样实现的：每种指定方式要使得一个点只有一组数，反过来一组数也只对应一个点，而相差无限小量的数字（高斯坐标）被指定给相邻的点。高斯坐标系是笛卡儿坐标系的逻辑推广。它也适用于非欧几里得连续体，但仅在以下情况下适用：相对于已定义的“大小”或“距离”，我们所考虑的连续体的部分越小，这些微小部分的表现就越接近欧几里得体系。

26. 将狭义相对论的时空连续体视为欧几里得连续体

我们现在可以更准确地系统阐述闵可夫斯基的思想了。在第 17 节中，我们只是含糊其辞地提到过这种思想。根据狭义相对论，某些坐标系被优先用于描述四维时空连续体。我们把它们称为伽利略坐标系。对于这些坐标系，确定一个事件的 4 个坐标 x, y, z, t（即四维连续体上的一个点）在物理上是以一种简单的方式来定义的，如本书第一部分中详细阐述的。从一个伽利略坐标系过渡到相对于它做匀速运动的另一个伽利略坐标系，洛伦兹变换方程是有效的。这些方程构成了从狭义相对论推导出的各种推论的基础，它们本身只不过是对所有伽利略参考系而言光的传播定律都普遍成立这一点的表达形式。

闵可夫斯基发现洛伦兹变换满足下列简单条件。让我们考虑两个相邻的事件，它们在四维连续体中相对于一个伽利略参考物体 K 的位置由空间坐标差 $\mathrm{d}x, \mathrm{d}y, \mathrm{d}z$ 和时间差 $\mathrm{d}t$ 给出。对于另一个伽利略坐标系，我们假设这两个事件的对应坐标差是 dx', dy', dz', dt'。那么，这些量总是满足以下条件。[1]

$$dx^2 + dy^2 + dz^2 - c^2dt^2 = dx'^2 + dy'^2 + dz'^2 - c^2dt'^2$$

洛伦兹变换的有效性是由这个条件得到的。我们可以将它表示为：由四维时空连续体中的两个相邻点给出的下式所表示的量，对于所有选出的(伽利略)参考物体都具有相同的值。如果我们用 x_1, x_2, x_3, x_4 来替换 x, y, z, $\sqrt{-1}ct$，那么我们还会得到下式不依赖参考物体的选择这一结论。

$$ds^2 = dx^2 + dy^2 + dz^2 - c^2dt^2$$

$$ds^2 = dx_1^{\ 2} + dx_2^{\ 2} + dx_3^{\ 2} + dx_4^{\ 2}$$

我们把 ds 这个量称为两个事件或两个四维点之间的“距离”。

因此，如果我们选择的时间变量不是实量 t，而是虚变量$\sqrt{-1}ct$，那么我们就可以将符合狭义相对论的时空连续体视为一个“欧几里得”四维连续体，这是由前一节的考虑所得到的结果。

[1]　参见附录1和附录2。在这两个附录中，关于坐标本身导出的那些关系也适用于坐标差，因此也适用于坐标微分（无限小差）。——原注

27. 广义相对论的时空连续体不是欧几里得连续体

在本书的第一部分中，我们能够利用一些时空坐标，这些坐标允许简单而直接的物理解释，而且根据第 26 节的叙述，可以将其视为四维笛卡儿坐标。根据光速不变这一定律，这是可能的。但是根据第 21 节，广义相对论中不能保留这条定律。相反，我们根据广义相对论得出的结论是，当存在引力场时，光速必须始终依赖坐标。结合第 23 节中的一个具体例子，我们发现引力场的存在使坐标和时间的定义失效了，而这引导我们在狭义相对论中达到了我们的目标。

这些考虑的结果使我们坚信：根据广义相对性原理，时空连续体不能被视为欧几里得连续体，而在这里有着与温度局部变化的大理石桌面对应的一般情况，这一特例使我们认识了二维连续体。正如对于温度局部变化的大理石桌面不可能用相等的杆来构造出一个笛卡儿坐标系一样，在一般情况下也不可能用刚体和时钟来建立一个体系（参考物体）而使得它具有如下性质：相对于彼此刚性排列的测量杆和时钟会直接指示出位置和时间。这就是我们在第 23 节中所面临的困境的实质。

但是，第 25 节和第 26 节中的考虑为我们指出了克服这一困难的途径。我们为四维时空连续体以一种任意的方式指定高斯坐标。我们为连续体的每一点（事件）指定 4 个数 x_1, x_2, x_3, x_4（坐标），这些数没有任何直接的物理意义，而仅用于以确定而又任意的方式对连续体中的点进行指定。这种安排甚至不需要我们把 $x_1, x_2, x_3,$ 视为“空间”坐标而把 x_4 视为“时间”坐标。

读者可能认为对世界的这样一种描述是不充分的。如果这些坐标本身没有意义，那么将特定坐标 x_1, x_2, x_3, x_4 指定给事件意味着什么？不过，更仔细的考虑表明，这种焦虑是没有根据的。例如，让我们考虑一个不管在做何种运动的质点。如果这个质点只存在瞬间而没有持续时间，那么它在时空中将仅由一个值为 x_1, x_2, x_3, x_4 的数组来描述。因此，它是永久存在的，那么必须以无限多个这样的数组构成的体系来描述。这些体系中的数组如此紧密地相连，从而提供连续性。因此，与该质点相对应的是四维连续体中的一条（一维）线。同样，在我们的连续体中，任何这样的线都对应于许多运动的点。关于这些点，唯一可以宣称有物理存在的陈述，实际上只有关于它们交会的陈述。在我们的数学处理中，这样的一次交会表示为两条线（它们分别代表所讨论的两个点的运动）有一组特定的坐标值 x_1, x_2, x_3, x_4 是相同的。经过深思熟虑，读者无疑会认可，在现实中，这种交会构成了我们在物理陈述中所遇到的唯一具有时空性质的实际证据。

当我们描述一个质点相对于一个参考物体的运动时，我们说明的只不过是这个点与参考物体上某些特定点的交会。我们还可以通过观察物体与时钟的交会，并配合观察指针与钟面上特定点的交会，来确定相应的时间值。稍加考虑就会发现，用测量杆来进行空间的测量时，情况也完全相同。

下面的陈述是普遍成立的：每一个物理描述都分解成若干个陈述，其中每个陈述都是指两个事件 A 和 B 的时空重合。用高斯坐标来说，每个这样的陈述都表示为它们的 4 个坐标 x_1, x_2, x_3, x_4 一致。因此，在现实中，用高斯坐标来描述时空连续体就完全代替了借助参考物体的描述，而不会遇到后一种描述方式带来的各种缺陷。用高斯坐标描述不受必须要表示的连续体具有欧几里得特征这一制约。

28.相对性总原理的精确表述

我们现在可以用一种精确、系统的表述来取代第 18 节中对相对性总原理做出的暂时性表述了。我们不能再坚持那里所采用的说法："所有参考物体 K、K' 等，无论它们的运动状态如何，在描述自然现象（对自然规律的普遍表述）时都是等价的。"这是因为在根据狭义相对论中所遵循的方法的意义上，在时空描述中一般来说是不可能使用刚性参考物体的。高斯坐标系必须取代参考物体。以下陈述符合相对性总原理的基本思想："所有高斯坐标系在表述普遍自然定律时本质上是等价的。"

我们还可以用另一种形式来表述这种相对性总原理，这种形式比它作为狭义相对论的自然扩展形式更容易理解。根据狭义相对论，当利用洛伦兹变换将（伽利略）参考物体 K 的时空变量 x, y, z, t 替换为新参考物体 K' 的时空变量 x', y', z', t' 时，表示普遍自然定律的那些方程会转化为相同形式的方程。另外，根据广义相对论，通过对高斯变量 x_1, x_2, x_3, x_4 作任意变换而得出的那些方程必定会转化为相同形式的方程。这是因为每一个变换（不仅是洛伦兹变换）都对应于从一个高斯坐标系到另一个高斯坐标系的转换。

如果我们想固守“旧时代”的三维事物观，那么我们可以把广义相对论的基本概念所经历的发展描述为：狭义相对论的参考物体属于伽利略区域，即那些不存在引力场的区域。在这一方面，作为参考物体的是一个伽利略参考物体，即一个刚体，其运动状态的选择方式使“孤立”质点匀速直线运动的伽利略定律相对于它成立。

某些考虑表明，我们也应该相对于非伽利略参考物体来考察同样的伽利略区域。于是，相对于这些物体就会出现一个特殊的引力场（参见第 20 节和第 23 节）。

在引力场中不存在具有欧几里得性质的刚体，因此，假想的参考刚体在广义相对论中是完全没有用的。时钟的运动也受到引力场的影响，其影响达到如此的程度，以至于直接借助时钟对时间做出物理定义的合理程度，绝不能与狭义相对论中能达到的程度相提并论。

出于以上理由，我们使用非刚性参考物体。它们总体上来说不仅能以任何方式运动，而且它们在运动过程中经受着形式上的随时变化。服从任何类型的运动法则的时钟，无论其运动多么不规则，都可以用来定义时间。我们必须想象这些时钟中的每一个都固定在非刚性参考物体上的一个点上。这些时钟只满足一个条件，即在（空间中）相邻时钟上同时观察到的“读数”彼此之间相差一个无限小的量。这个非刚性参考物体可以恰如其分地被称为一个“参考软体动物”。它大体上相当于一个任意选出的高斯四维坐标系。与高斯坐标系比较起来，使“软体动物”具有一定的可理解性的是（实际上是不合理的）它在形式上保留了空间坐标相对于时间坐标的独立存在。这个“软体动物”上的每一点都被视为一个空间点，而且与之相对静止的每一个质点都被视为静止，前提是只要这个“软体动物”被视为参考物体。相对性总原理要求所有这些“软体动物”都可以用作参考物体，在阐述普遍自然定律时享有同样的权力，且获得同样的成功。这些定律本身必须完全不依赖“软体动物”的选择。

相对性总原理所具有的巨大威力，就在于它对自然定律所施加的全面限制，而这是由我们在上文中所看到的这些情况造成的。

29. 根据相对性总原理来解决引力问题

如果读者明白了我们之前的所有考虑，那么在理解解决引力问题的方法时，他就不会再有任何进一步的困难。

我们先从考虑一个伽利略区域开始，即考虑的区域中不存在相对于伽利略参考物体 K 的引力场。由狭义相对论可以知道测量杆和时钟相对于 K 的行为，同样还可以知道“孤立”质点的行为，后者做的是匀速直线运动。

现在让我们以一个随机高斯坐标系或者一个“软体动物”作为参考物体 K' 来考察这个区域。那么相对于 K' 存在着一个（特定种类的）引力场 G。只要通过数学变换，我们就知道在以 K' 为参考物体时测量杆和时钟的行为，以及自由运动的质点的行为。我们将这种行为解释为测量杆、时钟和质点在引力场 G 的影响下的行为。我们随即引入一个假设：即使存在的引力场不能简单地通过坐标变换从伽利略区域这一特殊情况推导出来，引力场对测量杆、时钟和自由运动的质点的影响也会继续按照相同的规律发生。

下一步探究引力场 G 的时空行为，这是从伽利略区域的特殊情况简单地通过坐标变换推导出来的。这种行为由一条定律阐明，不管我们在描述中选用怎样的参考物体（“软体动物”），这条定律始终有效。

由于所考虑的引力场是一种特殊的引力场，因此这条定律还不是引力场的普遍定律。为了找出引力场的普遍定律，我们仍然需要对上面得出的这条定律进行推广。不过，这可以通过考虑下面的 3 点要求来实现，而无需漫无目的地乱试。

（a）所需的推广必须同样满足相对性的总公设。

（b）如果在考虑的区域中存在任何物质，那么只有其惯性质量，从而（根据第 15 节）只有其能量对于激发场的作用才是重要的。

（c）引力场和物质必须一起满足能量守恒定律（以及冲量守恒定律）。

最后，对于按照不存在引力场时成立的已知定律发生的所有过程，即已经被纳入狭义相对论框架的过程，相对性总原理允许我们确定引力场对它们的进程的影响。在这方面，我们原则上按照已经用来解释测量杆、时钟和自由运动的质点的方法进行。

从相对性的总公设以这种方式导出的引力理论，其优越之处不仅在于它的美，也不仅在于它消除了第 21 节中提到过的经典力学的缺陷，也不仅在于它解释了惯性和引力质量相等这条经验定律，而且在于它解释了天文学中的一个令经典力学无能为力的观测结果。

如果我们把这一理论的应用局限于这样一种情况，即引力场可以被认为是弱的，并且所有的质量都以小于光速的速度相对于坐标系运动，那么作为一级近似，我们就得到了牛顿理论。因此，这里就在没有任何特殊假设的情况下得出了牛顿理论，而牛顿当时不得不引入这样的一种假设：相互吸引的质点之间的引力与它们之间的距离的平方成反比。如果我们提高计算的精度，那么得出的结果就会偏离牛顿理论，但由于这些偏差很小，因此几乎所有这些偏差都必定会逃过观测的检验。

我们必须在这里提醒你注意这些偏差中的一个。根据牛顿理论，一颗行星绕着恒星做椭圆运动，如果我们能忽略这些恒星本身的运动，并且不考虑其他行星的作用，那么这个椭圆轨道就可以永久地保持相对于恒星的位置不变。因此，如果我们对行星的观测运动对于这两种影响进行了修正，并且如果牛顿理论是严格正确的，那么我们得到的行星轨道就应该是一个相对于众恒星固定的椭圆。所有行星（只有一颗除外）都证实了这条能以极高精度加以检验的推绎，其精度是由目前所能达到的观测灵敏度提供的。唯一的例外是水星，也就是离太阳最近的那颗行星。从勒维耶（Le Verrier）的时代起，人们就知道，与水星轨道相对应的那个椭圆在修正了上面提到的一些影响后，相对于众恒星仍然不是稳定不变的，而是在轨道平面内沿着轨道运动的方向非常缓慢地旋转。对这个轨道椭圆的旋转运动得出的数值是每世纪 43 角秒，这一数值的误差确保仅为几角秒。只有当做出一些几乎不可能出现的、完全为此目的而提出的假设时，才能用经典力学来解释这一效应。

基于广义相对论的发现是，每一颗围绕太阳旋转的行星，其轨道椭圆都必定以上述方式旋转。对于除了水星以外的所有行星而言，这种旋转太小，因此以目前的观测精度还不可能探测到。但是在水星的情况下，这种旋转必定会高达每世纪 43 角秒，而这一结果与观测完全一致。

除此之外，到目前为止，只可能从广义相对论中做出两个允许通过观测进行检验的推绎，其一是太阳的引力场造成的光线弯曲[1]，其二是从巨大的恒星传播到地球的光的谱线与在地球上通过类似方式产生（即由同一种原子产生）的光的谱线相比，有位置上的移动[2]。广义相对论的这两个推绎都已得到了证实。

[1] 爱丁顿等人于1919年首次观察到（参见附录3）。——原注

[2] 亚当斯（Adams）于1924年证实（参见附录3的注）。——原注

第三部分　对宇宙整体的思考

30.牛顿理论在宇宙学方面遇到的困难

在经典天体力学中，除了第 21 节中讨论的困难之外，还有另一个基本困难与之相伴。据我所知，天文学家西利格（Seeliger）首先详细讨论了后一个困难。如果我们思考如何将宇宙作为一个整体来看待这一问题，那么我们首先想到的答案就肯定是：就空间（和时间）而言，宇宙是无限的。到处都有恒星，所以物质的密度尽管在细微处变化很大，但平均而言在每个地方都是一样的。换句话说，无论我们在太空中走得多远，我们在所有地方都应该发现一群种类和密度大致相同的稀疏恒星。

这种观点与牛顿的理论不协调。牛顿理论更需要宇宙有某种中心，在那里恒星的密度有最大值，而当我们从这个中心向外移动时，恒星的群密度应该减小，直到最后在距离非常遥远的地方过渡到一个无限的虚空区域。恒星宇宙应该是无限宇宙海洋中的一个有限岛屿[1]。

[1] 证明——根据牛顿理论，来自无穷远处、终止于质量m的“力线”的数量与质量m成正比。如果就平均而言，质量密度ρ_0在整个宇宙中都是常数，那么一个体积为V的球所包围的平均质量将是$\rho_0 V$。因此，穿过球面F进入球内的力线的数量与$\rho_0 V$成正比。于是，对于球面上的单位面积，进入球内的力线的数量$\rho_0 \frac{V}{F}$与或$\rho_0 R$成正比。因此，随着球的半径R增大，其表面处的场强最终将变成无穷大，而这是不可能的。——原注

这个概念本身就不十分令人称心如意。它更加令人不满之处在于，它会导致以下结果：恒星发出的光以及恒星系统中的单个恒星不停地向外前进到无限空间中，永不返回，也不再与宇宙中的其他物体发生相互作用。这样一个有限的物质宇宙注定会逐渐而有条理地枯竭。

为了摆脱这一困境，西利格提出了对牛顿定律的一种修改。他在其中假设两个质量之间的引力在它们相隔很远的距离上比平方反比定律衰减得更快。这样一来，物质的平均密度就可能在任何地方乃至无穷远处都是常数，而不会产生无穷大的引力场。于是，我们就摆脱了这种令人不快的观念，即物质宇宙应该拥有某种类似于中心的东西。当然，我们从上述这些根本困难中获得了解救，其代价是要对牛顿定律做出修正和复杂化，而这样做既没有经验基础，也没有理论基础。我们可以想象出无数条定律都能达到同一目的，但我们无法说明为什么其中一条比其他的优越，因为这些定律中的任何一条都像牛顿定律一样，并没有建立在更一般的原理之上。

31. 一个“有限”但“无界”的宇宙的可能性

不过，对于宇宙结构的思索也在朝着一个完全不同的方向发展。非欧几里得几何的进展使我们认识到这样一个事实，即我们可以在不与思维规律或经验相冲突的情况下，对空间的无限提出怀疑 [黎曼（Riemann）、亥姆霍兹（Helmholtz）]。亥姆霍兹和庞加莱（Poincaré）已经详细地、无比清晰地探讨了这些问题，而我只能在这里简要提及。

首先，我们设想有一种存在于二维平面上的生物。拥有扁平量具（特别是扁平的刚性测量杆）的扁平生物可以在一个平面上自由移动。对于它们来说，除了这个平面之外什么都不存在：它们观察到的、发生在它们自己身上和它们的扁平“事物”上的一切事情，只是它们的平面上所包含的现实。特别是，平面欧几里得几何的作图可以通过杆来实现，例如第 24 节中考虑的格子构建。与我们的宇宙形成对照的是，这些生物的宇宙是二维的。但是，像我们的宇宙一样，它们的宇宙也延展至无穷远。在它们的宇宙中，有足够的空间容纳无限多个由杆构成的完全相同的正方形，也就是说，它的体积（表面）是无限的。如果这些生物说它们的宇宙是“平坦的”，那么它们这样说是有道理的，因为它们的意思是，它们可以用它们的杆来构造欧几里得平面几何。在这方面，每根杆总是代表相同的距离，而与它们的位置无关。

现在让我们再考虑另一种二维生物，但这次是在球面上而不是在平面上。这些带着它们的测量杆和其他物体的扁平生物恰好适合这个表面，并且它们无法离开它。它们能观察到的整个宇宙只延展到整个球面。这些生物能否把它们的宇宙的几何学看成平面几何学，而又把它们的测量杆看成“距离”的实现？它们做不到。因为如果它们试图画出一条直线，那么结果就会得到一条曲线。我们这些“三维生物”会把这条曲线称为一个大圆，即一条自成一体的、长度有限的线，而且可以用测量杆来测量其长度。同样，这个宇宙有一个有限的面积，可以与用杆构成的正方形的面积相比较。这种考虑所产生的巨大魅力在于认识到这样一个事实：这些生物的宇宙是有限的，但又是无界的。

不过，这些球面生物不需要进行世界旅行，就可以感知到它们并不生活在欧几里得宇宙中。只要它们使用的不是“世界”太小的一部分，就可以在它们的“世界”的每一个地方使自己信服这一点。它们从一个点开始向各个方向画出等长的“直线”（在三维空间中判断为圆弧）。它们将连接这些线的自由端的线称为“圆”。对于平面，根据平面欧几里得几何，一个圆的周长与其直径（这两个长度都是用同一根杆测量的）的比值等于一个常数 π（它与圆的直径无关）。我们的平面生物在它们的球面上会发现这个比值为：

$$\pi \cdot \frac{\sin\left(\frac{r}{R}\right)}{\left(\frac{r}{R}\right)}$$

即一个小于 π 的值。圆的半径 r 与“世界球”的半径 R 之比越大，这个值与 π 的差别就越大。通过这种关系，这些球面生物就可以确定它们的宇宙（“世界”）的半径，即使它们可用于测量的范围只是世界球的一个相对较小的部分。但如果这部分确实非常小，那么它们将无法再证明自己是生存在一个球面“世界”上，而不是在一个欧几里得平面上，因为这里球面的一小部分与相同大小的平面的一部分之间只有极为细微的差别。

因此，如果这些球面生物生活在一颗行星上，而这颗行星所在的太阳系仅占据球面宇宙的一个小到可以忽略的部分，那么它们就无法确定自己是生活在一个有限的宇宙中还是生活在一个无限的宇宙中，因为它们所能接触到的“一片宇宙”在这两种情况下实际上都是平面的，或者说都是欧几里得的。从以上讨论可以直接推断出，对于我们的球面生物来说，一个圆的周长首先随着半径的增大而增大，直至达到“宇宙的周长”，从那以后随着半径的进一步增大，圆的周长逐渐减小到零。在这一过程中，圆的面积继续不断增大，直至最终等于整个“世界球”的总面积。

也许读者会好奇，我们为什么要把这些“生物”放在一个球面上，而不是另一个什么封闭曲面。但这种选择是有其正当理由的，因为球面上的所有点都是等同的，所以在所有闭合曲面中，球面具有独特性。我承认圆的周长 c 与其半径 r 之比取决于 r，但对于一个给定的 r 值，在“世界球”的所有点上，这一比值都是相同的。换言之，“世界球”是一个“曲率恒定的曲面”。

对于这个二维球面宇宙，有一个三维的类比，即黎曼发现的三维球面空间。它的所有点同样也都是等同的。它具有一个由它的“半径”所决定的有限体积（$2\pi^2R^3$）。我们有可能想象一个球形空间吗？想象一个空间只不过意味着想象出对我们自己的“空间”体验的一个缩影。这个体验指的是我们在“刚性”物体的运动中可以获得的那种体验。从这个意义上说，我们可以想象一个球形空间。

假设我们从一个点开始向所有方向画线或拉伸细绳，然后用一根测量杆标出其中每根线或细绳的长度 γ。所有这些线段的自由端都位于一个球面上。我们可以用一个由测量杆组成的正方形来专门测量这个球面的面积。如果这是一个欧几里得宇宙，那么 $F=4\pi\gamma^2$；如果这个宇宙是球形的，那么 F 总是小于 $4\pi\gamma^2$。随着 γ 值的增大，F 从零增大到一个由“世界半径”确定的最大值，但是随着 γ 值的进一步增大，这个面积又逐渐减小到零。最初，从起点辐射出来的直线彼此偏离得越来越远，但后来它们又相互靠近，最后它们在一个与起点相对的“对径点”处再次会聚。在这种情况下，它们已经穿过整个球面空间。很容易看出，三维球面空间与二维球面十分相似。它是有限的（即体积有限），但是没有边界。

也许有人会提到，还有另一种弯曲空间：“椭圆空间”。可以将它看成两个“对径点”完全相同（彼此不可区分）的弯曲空间。因此，椭圆宇宙在某种程度上可以被视为具有中心对称性的弯曲宇宙。

由上述可知，无限的封闭空间是可以想象的。从这些方面来看，球面空间（和椭圆空间）由于简单而具有优越性，因为在这种空间中的所有点都是等同的。这一讨论对天文学家和物理学家提出了一个极为有趣的问题，那就是我们生活在其中的宇宙是无限的还是像球面宇宙那样是有限的？我们的经验远远不足以让我们能够回答这个问题，但是广义相对论允许我们以适度的确定性来回答它，于是就为第 30 节中提到的困难找到了解决办法。

32. 由广义相对论得出的空间结构

根据广义相对论，空间的几何性质不是独立的，而是由物质决定的。因此，我们只有立足于将物质的状态作为已知事物来考虑，才能得出关于宇宙几何结构的结论。我们从经验中知道，对于一个适当选择的坐标系，恒星的速度与光的传播速度相比是很小的。因此，如果把物质看作静止的，那么对于宇宙作为一个整体时的性质，我们就可以得出一个粗略近似的结论。

我们从先前的讨论中已经知道，测量杆和时钟的行为受到引力场的影响，即受物质分布的影响。这一点本身就足以排除欧几里得几何在我们的宇宙中精确有效的可能性。但是可以想象，我们的宇宙与欧几里得的宇宙之间只有细微的差别，而且由于计算表明，即使像太阳那么大的质量也仅在极小程度内影响周围空间的度规，因此上述见解看起来就更加有根据了。我们可以想象，就几何学而言，我们的宇宙的行为类似于一个在其各部分存在不规则弯曲而又没有明显地偏离平面的曲面：有点像微波荡漾的湖面。这样一个宇宙可以恰如其分地被称为准欧几里得宇宙。它的空间会是无限的。但是计算表明，在一个准欧几里得宇宙中，物质的平均密度必然为零。因此，这样一个宇宙不可能处处都被物质占据，它会向我们呈现第 30 节所描绘的那种令人不满的画面。

如果我们要求这个宇宙具有一个不等于零的平均密度，那么无论这个密度与零的差异有多小，这个宇宙都不能是准欧几里得的。正相反，计算结果表明，如果物质均匀分布，那么宇宙必然是球形的（或椭圆形的）。由于物质在细节上的分布实际上并不均匀，因此真实的宇宙会在一些个别地方偏离球形，即宇宙会是准球形的。但是，它必然是有限的。事实上，这一理论为我们提供了在宇宙的空间广度与宇宙中物质的平均密度之间的一个简单联系。[1]

[1] 对于宇宙的“半径”R，我们得到等式 $R^2=\frac{2}{k\rho}$。如果我们使用厘米克秒（C.G.S.）单位制，由这个等式就得出$\frac{2}{k}$=108.10^{27}；其中，ρ是物质的平均密度，而κ是一个与牛顿引力常量相关的常数。——原注

附　　录

1. 洛伦兹变换的简单推导（对第11节的补充）（1918）

对于图 2 所示的两个坐标系的相对取向，这两个坐标系的 x 轴一直保持重合。在这种情况下，我们可以将洛伦兹变换的推导问题分成若干部分，首先只考虑那些局限在 x 轴上的事件。任何此类事件都表示为相对于坐标系 K 的横坐标 x 和时间 t，以及相对于坐标系 K' 的横坐标 x' 和时间 t'。当 x 和 t 给定时，我们要求出 x' 和 t'。

一个沿着 x 轴正方向前进的光信号是按照以下方程传播的。

$$x = ct$$

或

$$x - ct=0 \tag{1}$$

由于同一光信号也必定以速度 c 相对于 K' 传播，因此相对于坐标系 K' 的传播将表示为类似的公式：

$$x' - ct'=0 \tag{2}$$

满足式（1）的时空点（事件）必定也满足式（2）。显然，当下列关系普遍得到满足时就会出现这种情况，其中 λ 是一个常数，因为根据式（3），$(x-ct)$ 为零就必然导致 $(x'-ct')$ 为零。

$$(x'-ct')=\lambda\ (x-ct) \tag{3}$$

如果我们对沿 x 轴负方向传播的光线也进行非常类似的考虑，就会得到以下条件：

$$(x'+ct')=\mu\ (x+ct) \tag{4}$$

将式（3）与式（4）相加（或相减），并为方便起见而引入常数 a 和 b 来代替常数 λ 和 μ，于是我们得到以下方程组。

$$\begin{cases} x'=ax-bct \\ ct'=act-bx \end{cases} \tag{5}$$

其中，$a=\dfrac{\lambda+\mu}{2}$，$b=\dfrac{\lambda-\mu}{2}$。

因此，如果求得了常数 a 和 b，我们就应该得到了问题的解。a 和 b 的值可由下面讨论得出。

对于 K' 的原点，我们永远有 $x'=0$，因此根据方程组（5）中的第一式可得：

$$x=\frac{bc}{a}t$$

如果我们将 K' 中的原点相对于 K 运动的速度称为 v，那么我们有：

$$v=\frac{bc}{a} \tag{6}$$

如果我们计算 K' 的另一个点相对于 K 的速度，或者 K 中的一个点相对于 K' 的速度（朝 x 轴负方向），也可以由方程组（5）得到相同的 v 值。简而言之，我们可以将 v 称为这两个坐标系的相对速度。

此外，相对性原理告诉我们，从 K 判断相对于 K' 静止的单位测量

杆的长度必须与从 K' 判断相对于 K 静止的单位测量杆的长度完全相同。为了观察 x' 轴上的点从 K 看起来是怎样的，我们只需要从 K 为 K' 拍摄一张“快照”。这意味着我们必须插入一个特定的 t 值（K 的时间），例如 t=0。对于这个 t 值，我们由方程组（5）中的第一个方程得到：

$$x' = ax$$

因此，当在坐标系 K' 中进行测量时，x' 轴上间距为 $\Delta x' = 1$ 的两点在我们瞬时拍摄的照片中的间距为：

$$\Delta x = \frac{1}{a} \tag{7}$$

但是，如果这张快照是从 K'（$t' = 0$）拍摄的，并且在方程组（5）中消去 t，那么考虑到式（6），我们就有：

$$x' = a\left(1 - \frac{v^2}{c^2}\right)x$$

我们由此得出结论，x 轴上（相对于 K）间距为 1 的两点在我们的快照上会表现为间距等于：

$$\Delta x' = a\left(1 - \frac{v^2}{c^2}\right) \tag{7a}$$

但是根据前面所说的，这两张快照必定是完全一样的，因此式（7）中的 Δx 必定等于式（7a）中的 $\Delta x'$，于是我们得到：

$$a^2 = \frac{1}{1 - \frac{v^2}{c^2}} \tag{7b}$$

式（6）和式（7b）确定了 a 和 b 这两个常数。将这两个常数的值代入方程组（5）中，我们就得到了第 11 节给出的方程组的第一个和第四个方程。

$$\left\{\begin{aligned} x' &= \frac{x - vt}{\sqrt{1-\frac{v^2}{c^2}}} \\ t' &= \frac{t - \frac{v}{c^2}x}{\sqrt{1-\frac{v^2}{c^2}}} \end{aligned}\right. \tag{8}$$

于是，我们就得到了 x 轴上事件的洛伦兹变换。它满足以下条件：

$$x'^2 - c^2t'^2 = x^2 - c^2t^2 \tag{8a}$$

保留式（8），并补充以下关系，就将这一结果推广到包括发生在 x 轴以外的事件。

$$\left\{\begin{aligned} y' &= y \\ z' &= z \end{aligned}\right. \tag{9}$$

这样无论是对于坐标系 K 还是对于坐标系 K'，我们就满足了任意方向的光线在真空中的速度恒定这一假设。用以下方式可以明示这一点。

我们假设在 $t = 0$ 时从 K 的原点发出一个光信号。它的传播方程为：

$$r = \sqrt{x^2 + y^2 + z^2} = ct$$

或者，如果我们将这个等式的两边求平方，那么它的传播方程为：

$$x^2 + y^2 + z^2 - c^2t^2 = 0 \tag{10}$$

根据光的传播定律，再结合相对论的公设可得，所讨论的信号（从 K' 判断）的传播应符合以下相应的公式：

$$r' = ct'$$

或

$$x'^2 + y'^2 + z'^2 - c^2t'^2 = 0 \tag{10a}$$

为了使式（10a）能由式（10）推出，我们就必须有：

$$x'^2 + y'^2 + z'^2 - c^2t'^2 = \sigma\ (x^2 + y^2 + z^2 - c^2t^2) \tag{11}$$

由于式（8a）对于 x 轴上的任一点都必须成立，由此可得 $\sigma=1$。容易看出，对于 $\sigma=1$ 的情况，洛伦兹变换确实满足式（11）。这是由于式（11）可由式（8a）和式（9）推出，因此也可由式（8）和式（9）推出。这样，我们就推导出了洛伦兹变换。

由式（8）和式（9）所表示的洛伦兹变换仍然需要推广。显而易见，是否将 K' 的各坐标轴选为与 K 的各坐标轴在空间上平行是无关紧要的。K' 相对于 K 的平移速度是否应该沿 x 轴方向这一点也不重要。简单地考虑一下就表明：我们可以从下面两种类型的变换来构建这个一般意义上的洛伦兹变换，其一是狭义的洛伦兹变换，其二是纯空间变换。后者对应于将所考虑的直角坐标系替换为坐标轴指向不同方向的一个新坐标系。

在数学上，我们可以对一般的洛伦兹变换进行如下描述。

它用 x, y, z, t 的齐次线性函数来表示 x', y', z', t'，这种关系使下式恒成立。

$$x'^2+y'^2+z'^2-c^2t'^2=x^2+y^2+z^2-c^2t^2 \qquad (11a)$$

也就是说，如果我们用 x, y, z, t 代替等号左边的 x', y', z', t'，那么式（11a）的左边与右边一致。

2. 闵可夫斯基的四维空间（“世界”）（对第17节的补充）（1918）

如果引入虚数量$\sqrt{-1}\,ct$来代替 t 作为时间变量，那么我们就可以更简单地描述出洛伦兹变换的特性。为此，如果我们引入：

$$x_1 = x$$

$$x_2 = y$$

$$x_3 = z$$

$$x_4 = \sqrt{-1}\,ct$$

并对带撇的坐标系 K' 也进行同样的操作，则变换满足的条件完全相同，可以表示如下：

$$x_1'^2 + x_2'^2 + x_3'^2 + x_4'^2 = x_1^2 + x_2^2 + x_3^2 + x_4^2 \qquad (12)$$

也就是说，通过选用上面表明的那种“坐标”，式（11a）(被改换成这个条件。

我们从式（12）可以看出，虚时间坐标 x_4 与空间坐标 x_1, x_2, x_3 以完全相同的方式进入变换条件。正是由于这一事实，按照相对论，“时间” x_4 与空间坐标 x_1, x_2, x_3 以完全相同的形式进入自然定律。

由“坐标” x_1, x_2, x_3, x_4 描述的四维连续体被闵可夫斯基称为“世界”，他还将一个点事件称为“世界点”。可以说，物理学从三维空间中的一个“发生”变成了四维“世界”中的一个“存在”。

这个四维“世界”与（欧几里得）解析几何的三维“空间”有着紧密的相似性。如果我们在该三维空间中引入一个新的、原点相同的笛卡儿坐标系（x'_1, x'_2, x'_3），那么 x'_1, x'_2, x'_3 就是 x_1, x_2, x_3 的线性齐次函数，它们恒满足以下方程。

$$x_1'^2 + x_2'^2 + x_3'^2 = x_1^2 + x_2^2 + x_3^2$$

此式与式（12）完全类似。我们可以将闵可夫斯基的“世界”形式化地视为一个四维欧几里得空间（具有虚时间坐标），而洛伦兹变换则对应于此四维“世界”中的坐标系“旋转”。

3.广义相对论的实验证实（1920）

从系统的理论观点来看，我们可以把一门经验科学的演化过程想象成一个连续的归纳过程。理论是逐步形成的，而且是在一个不完整的范围内以经验定律的形式（作为对大量个别观测的总结）来表述的，通过比较可以从中确定普遍定律。以这种方式来看，科学的发展与分类目录的编纂有些相似。在某种意义上，可以说科学是一项纯粹以经验为依据的事业。

但这种观点绝未包含整个实际过程，因为它忽视了直觉和演绎思维在一门精确科学的发展中所起的重要作用。一旦一门科学从某些初始阶段中出现了，理论上的进步就不再仅仅是通过一个安排好的过程获得的。相反，研究者在经验数据的引导下建立起一个思维体系，这个体系一般而言是由少量基本假设（即所谓的公理）从逻辑上建立起来的。我们把这种思维体系称为一种*理论*。理论找到其存在的理由，是因为它将大量的单一观察结果关联了起来，而这一点正是该理论的“真实性”所在。

对应于同一组经验数据集合，可能会有好几种理论，它们在很大程度上是互不相同的。但是，就从这些理论中得到的、能够被检验的推论而言，这些理论之间会达到如此完全一致，以致很难找到由两种理论得出的任何不同的推论。例如，在生物学领域就有一个普遍感兴趣的例子：一方面有达尔文的物种在生存竞争中通过选择而进化的理论，另一方面有基于获得性遗传传递假说而发展的理论。

我们还有另一个在两种理论的推论之间有着广泛的一致性的例子：一方面是牛顿力学，另一方面则是广义相对论。它们达到极大的一致，以至于尽管这两种理论的基本假设存在着根深蒂固的差异，然而迄今为止，我们只能找到为数不多的几个可以研究的推绎，它们是从广义相对论中得出的，而从相对论时代之前的物理学中是不能得出的。在下文中，我们将再次考虑这些重要的推绎，并将讨论迄今已获得的与之相关的经验证据。

（A）水星近日点的运动

根据牛顿力学和万有引力定律，一颗围绕太阳旋转的行星会描出一个围绕着太阳的椭圆，或者更准确地说是一个围绕太阳和该行星的公共重心旋转的椭圆。在这样的一个体系之中，太阳或公共重心位于此轨道椭圆的一个焦点上，从而在一个行星年中，太阳与行星之间的距离从最小增至最大，然后再次减至最小。如果我们在计算中使用的不是牛顿定律，而是一条稍微有所不同的引力定律，我们就会发现，根据这条新的定律发生运动的方式仍然会使太阳与行星之间的距离呈现周期性变化。但是在这种情况下，由连接太阳和行星的直线所描出的角度在这样一个周期中（从近日点——离太阳最近的点——到近日点）会不等于 360 度。因此，这条轨道线不会是封闭的，而会随着时间的推移填满轨道平面上的一个环形部分，即行星与太阳之间的、以最小距离为半径的圆与以最大距离为半径的圆之间的环形区域。

同样根据广义相对论（它当然不同于牛顿理论），行星在其轨道上的运动应该发生一个小的变化，偏离按牛顿－开普勒运动规律所做的运动，并且其偏离方式会使连接太阳与行星的半径在一次经过近日点到下一次经过近日点之间所描出的角度应该超过对应于一次完整旋转的角度，超过的量为：

$$+\frac{24\pi^3 a^2}{T^2c^2(1-e^2)}$$

（请注意：一次完整的旋转对应于物理学中惯用的、绝对角度测量中的角度 2π，上面的表达式给出了行星在一次经过近日点到下一次经过近日点的运动过程中，连接太阳与行星的半径旋转超过这个角度的量。）在这个表达式中，a 代表椭圆的长半轴，e 代表椭圆的偏心率，c 代表光速，而 T 则代表行星的旋转周期。我们的结果也可以表述如下：根据广义相对论，该椭圆的长轴围绕太阳旋转，其旋转方向与行星的轨道运动的方向相同。对于水星，理论给出的这种旋转速度为每世纪 43 角秒，但是对于太阳系中的其他行星来说，这个速度应该非常小，因此必定无法被探测到。[1]

事实上，天文学家已发现，牛顿理论不足以计算出被观测到的水星运动，其中观测的精度是目前所能达到的最高精度。在将其余行星施加于水星的所有干扰所产生的影响都考虑在内之后，人们 [勒维耶在 1859 年以及纽科姆（Newcomb）在 1895 年] 发现水星轨道的近日点运动仍

[1]　特别是由于排在运行轨道之外的下一颗行星——金星的轨道几乎是一个正圆，这使得精确确定近日点的位置更加困难。——原注

然无法解释，其差值与上述每个世纪 43 角秒没有明显差异。这个经验结果的不确定度总共只有几角秒。

（B）引力场造成的光线偏折

第 22 节已经提到过，根据广义相对论，光线在通过引力场时会经历路径的弯曲，这种弯曲就类似于被投射出去的物体在通过引力场时所经历的路径弯曲。根据这一理论，我们应该预料到，近距离掠过天体的光线会偏向这个天体。如果一束光线掠过太阳时到太阳中心的距离为太阳半径的 Δ 倍，那么偏折角（α）应为：

$$\alpha = \frac{1.7\text{角秒}}{\Delta}$$

可以补充说明一下：根据该理论，这种偏折的一半是由太阳的牛顿引力场产生的，另一半是由太阳引起的空间几何修正（“曲率”）产生的。

这一结果为一种实验检验提供了可能，即在日全食期间对恒星进行摄影配准。我们必须等待日全食的唯一原因是，每隔一段时间，大气都会被来自太阳的光强烈地照亮，以致我们观察不到位于太阳附近的恒星。从图 5 中可以清楚地看到这种预言的效应。如果太阳（S）不存在，那么从地球上进行观察，就会在 D_1 方向上就会看到一颗几乎无限远的恒星。但是由于太阳使这颗恒星的光线发生了偏折，因此恒星将在 D_2 方向上被看到，也就是说它被看到的位置比它的实际位置距离太阳的中心更远一些。

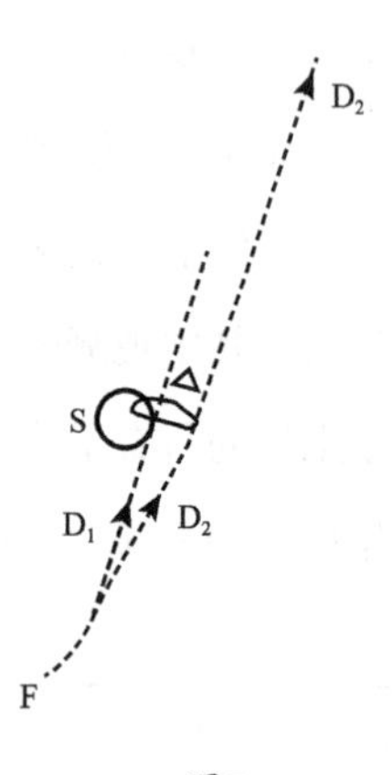

图5

实际上，这个问题的检验方法如下。在日食期间拍摄太阳附近的恒星。当太阳位于天空中的另一个位置时，即几个月前或几个月后，再为同一颗恒星拍摄另一张照片。与标准照片进行比较，日食照片上的恒星位置应该沿径向向外（远离太阳中心）偏移，偏移量对应于角度 α。

我们感谢英国皇家学会和英国皇家天文学会对这一重要推绎进行了探究。这两个学会不惧战争，也不惧战争引起的物质匮乏及心理方面的困难，他们为了拍摄 1919 年 5 月 29 日的日食照片而装备了两支探险队，并派出了数位英国最著名的天文学家，其中有爱丁顿、科廷厄姆（Cottingham）、克罗梅林（Crommelin）和戴维森（Davidson），分别前往巴西的索布拉尔和西非的普林西比岛。预计在日食期间所获得的恒星照片与一些用于对比的照片之间的相对差异仅为百分之几毫米。因此，在为拍摄照片而对仪器设备做必要的调整时以及随后对所拍摄的照片进行测量时，都必须达到很高的精度。

测量结果以一种完全令人满意的方式证实了这一理论。观测到的与计算出的恒星偏差的直角坐标分量（以角秒为单位）如表 1 所示。

表1

恒星序号	第一坐标		第二坐标	
	观测值	计算值	观测值	计算值
11	– 0.19	– 0.22	+0.16	+0.02
5	– 0.29	– 0.31	– 0.46	– 0.43
4	– 0.11	– 0.10	+0.83	+0.74
3	– 0.20	– 0.12	+1.00	+0.87
6	– 0.10	– 0.04	+0.57	+0.40

续表

恒星序号	第一坐标		第二坐标	
	观测值	计算值	观测值	计算值
10	– 0.08	+0.09	+0.35	+0.32
2	+0.95	+0.85	– 0.27	– 0.09

（C）谱线向红端的偏移

第 23 节已经表明，在相对于伽利略坐标系 K 旋转的坐标系 K' 中，那些结构完全相同并被认为相对于这个旋转着的参考物体静止的时钟的走时速率取决于它们的位置。现在我们将定量地考察这一依赖关系。一个时钟位于距离圆盘中心 r 的位置，它相对于 K 的速度由下式给出：

$$v=\omega r$$

其中，ω 代表圆盘 K' 相对于 K 旋转的角速度。如果用 ν_0 表示时钟相对于 K 静止时单位时间内的滴答次数（时钟的“走时速率”），那么根据第 12 节，当时钟以速度 v 相对于 K 运动而相对于圆盘静止时，时钟的“走时速率”（ν）是由下式给出的：

$$\nu=\nu_0\sqrt{1-\frac{v^2}{c^2}}$$

或以足够的精度表示为：

$$\nu=\nu_0\left(1-\frac{1}{2}\cdot\frac{v^2}{c^2}\right)$$

这个表达式也可以表示为以下形式。

$$\nu=\nu_0\left(1-\frac{1}{c^2}\cdot\frac{\omega^2 r^2}{2}\right)$$

如果我们用 φ 表示时钟所在位置与圆盘中心之间的离心力势差，即将单位质量从时钟所在位置运送到圆盘中心时克服离心力所做的功（取负值），那么我们就会得到：

$$\phi=-\frac{\omega^2 r^2}{2}$$

由此可得：

$$v=v_0\left(1+\frac{\phi}{c^2}\right)$$

首先，我们从这个表达式可以看出，当两个时钟的结构完全相同而它们的位置到圆盘中心的距离不同时，它们的走时速率是不同的。从随圆盘一起旋转的观察者的角度来看，这一结果也成立。

现在，从圆盘上判断，随圆盘一起旋转的观察者处于势为 φ 的引力场中，因此，我们得到的结果对于引力场是相当普遍地成立的。此外，我们可以把发射谱线的原子视为一个时钟，于是以下陈述成立。

原子吸收或发射的光的频率取决于它所在的引力场的势。

位于一个天体表面的原子的频率会略低于位于自由空间中（或一个较小的天体表面上）的同一元素的原子的频率。现在$\phi=-K\dfrac{M}{r}$，其中 K 是牛顿引力常数，而 M 是天体的质量。因此，恒星表面产生的谱线与地球表面同一元素产生的谱线相比，应该发生向红色方向的偏移，偏移量为：

$$\frac{v-v_0}{v}=\frac{K}{c^2}\cdot\frac{M}{r}$$

对于太阳而言，理论预言的向红端偏移的量大约是波长的百万分之二。在恒星的情况下，对此不可能做出可靠的计算，因为通常我们既不知道其质量 M 也不知道其半径 r。

是否存在这种效应还是一个悬而未决的问题，目前（1920 年）天文学家们正在以极大的热情致力于解决这个问题。由于太阳产生的这种效应很小，所以很难对这种效应是否存在形成一种看法。虽然波恩的格雷贝（Grebe）和巴赫姆（Bachem）鉴于他们自己的测量以及埃弗谢德（Evershed）和史瓦西（Schwarzschild）对氰带的测量，几乎毫无疑问地认定这种效应是存在的，但是其他研究者，其中特别是圣约翰（St. John），基于他们的测量结果提出了相反的意见。

对恒星的统计研究确切地揭示出谱线存在着向折射率较低的一端的平均偏移。但是对于这些位移是否实际上与引力作用有关这一问题，到目前为止，我们对现有数据的检验还未能给出任何明确的决断。E. 弗伦德里希（E. Freundlich）在一篇题为《对广义相对论的检验》的论文（Zur Prüfung der aligemeinen Relativitäts-Theorie, *Die Naturwissenschaften*, 1919, No. 35, p. 520: Julius Springer, Berlin）中将这些观察结果收集在一起，并从在这里引起我们注意的这个问题的角度进行了详细讨论。

无论如何，在未来几年内，我们都将做出明确的定论。如果不存在由引力势造成的谱线向红端偏移，那么广义相对论就站不住脚。另外，如果谱线偏移的原因可以明确地归结为引力势，那么对这种偏移的研究将为我们提供关于天体质量的重要信息。

注：谱线向光谱红端的偏移已由亚当斯在 1924 年通过对天狼星致密伴星的观测而明确证实了，天狼星产生的效应大约是太阳产生的效应的 30 倍。——英译者

4.由广义相对论得出的空间结构（对第32节的补充）（1946）

自从这本小册子的第1版印发以来，我们对大尺度空间结构的认识（“宇宙学问题”）已经有了重要的发展，即使在对这个主题的科普介绍中也应该提到这一点。

我对这个问题的最初考虑基于以下两条假设。

（1）在整个空间中存在着一个处处相同且不等于零的平均物质密度。

（2）整个空间的大小（“半径”）与时间无关。

根据广义相对论，这两条假设已被证明是一致的，但只有在场方程中加入了一个假设项之后才如此。这一假设项（“场方程的宇宙学项”）不仅不是理论本身所要求的，而且从理论角度来看也并不自然。

当时在我看来，假设（2）似乎是不可避免的，因为我曾认为如果离开它，我们就会陷入漫无边际的猜测之中。

然而，早在20世纪20年代，俄罗斯数学家弗里德曼（Friedman）就表明，从纯理论的角度来看，采用另一种不同的假设也很自然。他意识到，如果我们愿意放弃假设（2），那么就可以保留假设（1），而且不用把不太自然的宇宙学项引入到引力场方程中。也就是说，原来的场方程允许有一个“世界半径”依赖时间（膨胀的空间）的解。在这个意义上可以说，根据弗里德曼的阐述，这个理论需要空间发生膨胀。

几年以后，哈勃（Hubble）通过对河外星云（“银河”）的一项特别观测研究表明，它们发射出的谱线显示存在红移，这种红移随着星云距离的增大而有规律地增大。就我们目前的知识而言，这只能从多普勒原理的意义上解释为恒星系统在大范围内的膨胀运动——根据弗里德曼的阐述，这就是引力场方程所要求的。因此，哈勃的发现在某种程度上可以被认为是对这一理论的确证。

然而，确实出现了一个令人费解的困难。将哈勃发现的星系谱线偏移解释为一种膨胀（从理论上来说这是不可怀疑的）的结果是，这种膨胀“仅仅”起源于大约 10^9 年前，而根据物理天文学，单颗恒星和恒星系统的形成似乎需要比这更长的时间。我们根本不知道如何解释这一不协调。

我还想指出的是，膨胀空间理论，加上天文学的经验数据，仍然不允许我们对（三维）空间的有限性或无限性做出任何决断，而最初对空间的“静态”假设则导致了空间的封闭性（有限性）。

5. 相对论与空间问题（1953）[1]

由于牛顿运动定律中出现了加速度的概念，因此牛顿物理学的特点是必须认为除了物质有独立的、真实的存在以外，空间和时间也有独立的、真实的存在。但在这种理论中，加速度只能表示“相对于空间的加速度”。因此，牛顿的空间必须被认为是“静止的”，或者至少是“不加速的”，这样才能把出现在运动定律中的加速度看作一个具有某种意义的量。时间几乎也是如此，时间当然也同样包含在加速度的概念中。牛顿本人和他的那些最善于评论的同时代的人都认为，若不得不认为空间本身及其运动状态都被赋予了物理现实性，那么这就会令人感到不安。但如果有人想赋予力学一种明确意义的话，当时并无其他选择。

必须把物理现实归属于一般而言的空间，特别是归属于空无一物的

[1] 我的老朋友、英国皇家学会会员、荣誉退休教授S. R. 米尔纳（S.R.Milner）阅读了这篇新附录的译文以后，正如他阅读了本书在1920年出版的最初译本一样，给我提出了许多改进建议，从而令我再次受益于他在这一领域的独到经验。我非常感谢他。此外，我也非常感谢利物浦大学数学系的A.G.沃克（A. G. Walker）教授，他也阅读了本附录并提出了各种有益的建议。——英译者

空间，这确实是一个苛刻的要求。自远古时代以来，哲学家们一再抵制这种假定。笛卡儿的论述基本如下：空间完全等同于延展，但延展是与物体相关联的，因此，不存在没有物体的空间，也就不存在空无一物的空间。这一论点的薄弱之处主要在于以下几点。延展概念确实源于我们对固体的布局或接触的经验。但是，从这一点不能得出结论说在本身并没有导致延展概念形成的那些情况下，这一概念也许就是不合理的。概念的这样一种扩大，其正当性可以通过其对理解经验结果的价值来间接表明。因此，关于延展仅限于物体的这个论断本身当然是没有根据的。然而，我们稍后将会看到，广义相对论以一种迂回的方式证实了笛卡儿的概念。笛卡儿能得出他的这种非常吸引人的观点，当然是因为他感觉到，如果没有迫切的必要，人们就不应该把现实归属于像空间这样的东西，因为它不能被“直接体验”。[1]

如果基于我们通常的思维习惯，那么关于空间的概念或空间的必要性，其心理根源远没有呈现出来的那么明显。古时候的几何学家处理的是概念上的对象（直线、点、面），而不像后来人们在解析几何中讨论的是真正空间的本身。不过，空间的概念是在某些原始经历的启发下产生的。假设已经构造好一只盒子，可以将物体以某种方式放置在盒子里，于是盒子就满了。这种放置的可能性是实物客体“盒子”的一种属性，这是盒子所提供的东西,即盒子所“封闭的空间”。对于不同的盒子来说，这是不同的东西。人们很自然地认为这个东西与任何时刻盒子里是否装有任何物体无关。当盒子里没有任何物体时，它的空间看起来是“空无一物的”。

[1] 对这一表述要有所保留。——原注

到目前为止，我们的空间概念一直与盒子联系在一起。然而事实证明，构成这个盒子空间的存储可能性与盒壁的厚度无关。难道这个厚度不能减到零，而不造成损失任何“空间”的结果吗？这样一种推至极限的过程明显是自然而然的，于是现在我们的思维中只剩下没有盒子的空间，这是一件不证自明的事，但是如果我们忘记了这个概念的起源，那么它就显得如此不真实。在笛卡儿看来，将空间视为独立于实物，视为一种没有物质也可能存在的东西，这是令人反感的。对此，我们可以理解。[1]（与此同时，这并不妨碍他将空间视为解析几何中的一个基本概念。）水银气压计中的真空引起了人们的关注，这无疑令最后一批笛卡儿主义者缴械投降。但不可否认的是，即使在这个原始阶段，也有一些不能令人满意的东西缠绕着空间的概念，或缠绕着被认为是独立真实事物的空间。

讨论物体被装入空间（例如盒子）的方式是三维欧几里得几何学研究的课题。这种几何学的公理结构很容易让我们上当受骗，使我们忘记它论述的是一些可实现的情况。

如果现在空间的概念是按照上面概述的方式形成的，并且根据关于“填充”盒子的经验继续推论下去，那么这种空间在根本上是一个有界的空间。然而，这个限制似乎不是必要的，因为显然总是可以将较小的盒子装入一个较大的盒子中。这样，空间就看似某种无界的东西。

我不打算在这里考虑有关空间的三维的和欧几里得的属性这样一些概念如何可以追溯到那些相对原始的经历。相反，我将首先从其他视角

[1] 康德（Kant）试图通过否定空间的客观性来消除这一窘境。然而这种做法几乎不能加以认真对待。盒子内部空间所固有的填充可能性是客观的，这与盒子本身以及可以装入盒子内的物品具有同样的意义。——原注

考虑空间概念在物理思维的发展中所起的作用。

当一个较小的盒子 s 相对静止地放置在一个较大的盒子 S 的中空空间内时，s 的中空空间就是 S 的中空空间的一部分。s 的中空空间与 S 的中空空间中又是 s 的中空空间的那一部分是同一“空间”。然而，当 s 相对于 S 运动时，所涉及的概念就不那么简单了。这时我们会倾向于认为，s 总是包围着同一空间，但包围着空间 S 的一个可变部分，于是就有必要为这两个盒子各自分配其特定空间（并不想象为是有界的），并且假设这两个空间彼此在做相对运动。

在人们意识到这种复杂性之前，空间就像一种无界的介质或容器，实物在其中四处游荡。但现在必须记住的是，空间的数量是无限的，它们彼此都在做相对运动。将空间视为某种客观存在的、不依赖物体的东西，这种概念属于科学出现之前的思维，但存在着无限多个彼此做相对运动的空间是科学出现之后的观点。后一种观点确实是逻辑上不可避免的，但即使在科学思维中，它也远未发挥相当大的作用。

但是时间概念的心理根源是什么呢？这个概念无疑与“召唤心灵”这一事实有关，也与感官经历与对这些感官经历的回忆之间的区分有关。感官经历与回忆（或简单重现）之间的区分是不是在心理上直接给予我们的，这在本质上就是存在疑问的。每个人都有过这样的经历：他怀疑自己是否真的用自己的感官体验过某件事，或者只是梦境而已。也许区分这些不同选项的能力先是由于大脑创造秩序的活动而产生的。

与“现在的经历”相比，与“回忆”有关的经历被认为是“较早的”。这是对记忆中的经历的一种概念上的排序原则，而实现这一原则的可能性就导致了时间的主观概念，即以个人经历排列为参考的时间概念。

我们使时间这个概念具有客观性，这是什么意思？让我们举一个例子。某人 A（“我”）有“闪电正出现在天空中”这一经历。同时 A 也体验到另一个人 B 的这样一种经历，使 A 将 B 的这种经历与 A 自己的“闪电正出现在天空中”的经历联系了起来。因此，这就导致 A 将“闪电正出现在天空中”的经历与 B 联系了起来。对于 A 来说，就产生了其他人也参与了“闪电正出现在天空中”这一经历的想法。“闪电正出现在天空中”这件事现在不再被解释为一种纯粹的个人的经历，而是作为一种其他人的经历（或者最终只是作为一种“可能的经历”）。这样就产生了一种解释，即“闪电正出现在天空中”原先是进入意识的一种“经历”，现在也被解释为一个（客观的）“事件”。它正是当我们说到“真实的外部世界”时所表示的所有事件的总和。

我们已经看到，我们感到自己被迫把时间排列归因于我们的经历，在某种程度上如下所述。如果 β 晚于 α，而 γ 晚于 β，那么 γ 也晚于 α（“经历的顺序”）。那么在这方面，对于已与这些经历相关的“事件”，我们应该持什么看法呢？初看起来，似乎很明显地要假定存在着一种与经历的时间排列相一致的事件的时间排列。这一点普遍地、无意识地进行着，直到人们感觉到一些疑虑。[1] 为了获得一个客观世界的概念，仍然需要一个额外的辅助概念：事件不仅在时间上确定下来，而且在空间上也确定下来。

在前几段中，我们试图描述如何将空间、时间和事件这些概念与心理上的一些经历联系起来。从逻辑上考虑，这些概念是人类智慧的自由创造，是思维的工具，旨在把各种经历彼此联系起来，以便以这种方式更好地审视它们。在试图意识到这些基本概念的经验来源时应该表明，

[1] 例如，通过听觉手段获得的经历的时间顺序可能与通过视觉获得的经历的时间顺序不同，因此不能将事件的时间顺序与经历的时间顺序简单地等同起来。——原注

我们实际上在多大程度上受到这些概念的约束。这样，我们就会意识到我们的自由，而在必要的情况下明智地利用自由总是一件困难的事情。

关于时间、空间、事件概念（与来自心理学领域的一些概念形成对比，我们将更简短地把它们称为“类空”概念）的心理起源这一延伸话题，我们还有一些重要的补充。我们已经把空间的概念与使用盒子的经历以及盒子中实物的排布联系了起来。因此，概念的这种形成已经预先假定了实物（例如“盒子”）的概念。同样，为了形成客观的时间概念而必须引入的人们也在这方面扮演着实物的角色。因此，在我看来，实物概念的形成必须先于我们的时间和空间概念的形成。

所有这些“类空”概念，以及来自心理学领域的疼痛、目标、意志等概念，都属于科学出现之前的思维。现在物理学中的思维，正如一般而言的自然科学中的思维，都具有这样的特性：原则上力求只设法应付“类空”概念，并力求借助这些概念来表达一切具有定律形式的关系。物理学家力图把颜色和音调归纳为振动，生理学家力图把思维和痛苦归纳为神经过程。他们的这种方式使得心理因素本身就从存在的因果联系中被消除了，从而它在因果联系中就不再以任何独立的环节出现。这种看法（即认为只使用“类空”概念就可能理解一切关系，这在原则上是可能的）毫无疑问正是“唯物主义”一词当前所表示的看法（因为“物质”已失去了其作为一个基本概念的地位）。

为什么必须把自然科学的基本思想从柏拉图的神化地位上拉下来，并试图揭示出它们的世俗血统呢？回答是：为了把这些思想从禁锢它们的禁忌中解放出来，从而在形成思想或概念的过程中获得更大的自由。D. 休谟（D. Hume）和 E. 马赫超群绝伦地提出了这一关键概念，这是他们的不朽功绩。

科学已经从科学出现之前的思维手中接过了空间、时间和实体（及重要特例“固体”）等概念，并对它们进行了修改，使之更加精确。科学的第一个重大成就是欧几里得几何的发展。我们决不能让欧几里得几何的公理化阐述使我们对欧几里得几何的经验起源（排布或放置固体的可能性）视而不见。特别是空间的三维本质及其欧几里得特性都具有经验起源（三维空间可以由结构类似的“立方体”完全填满）。

由于发现不存在完全刚体，因此空间概念的微妙之处更深了一步。所有物体都可以发生弹性形变，并且其体积随温度的变化而变化。因此这些结构（其可能的全等要由欧几里得几何来描述）不能脱离物理概念来表示。但是，物理学毕竟必须利用几何来建立它的概念，因此几何的经验内容只能在整个物理学的框架下进行陈述和检验。

在这方面，还必须记住原子论及其中的有限可分概念，因为亚原子范围的空间是无法测量的。原子论也迫使我们从原则上放弃了固体具有轮廓分明的、静态界定的边界面这一观念。严格地说，对于相互接触的固体的可能构型，甚至在宏观区域也没有精确的定律。

尽管如此，仍然没有人想过放弃空间概念，因为它在令人十分满意的整个自然科学体系中显得不可或缺。在 19 世纪，马赫是唯一认真考虑消除空间概念的人，因为他寻求用所有质点之间的瞬时距离的总和这一概念来取代空间概念。（他做这样的尝试是为了对惯性得到一个令人满意的理解）。

场

在牛顿力学中，空间和时间扮演着双重角色。首先，它们扮演着物理学中发生的事情的载体或框架的角色，事件是用相对于它们的空间坐标和时间来描述的。原则上，物质被认为是由“（物）质点”构成的，这些质点的运动构成了物理事件。人们认为物质是连续的，可以说人们在不希望或不能描述离散结构的那些情况下暂时这样认为。在这种情况下，处理物质的小部分（体积元）的方式与处理质点的方式类似，至少在满足以下情况时是如此：我们只关心运动，而不关心那些目前不可能将其归因于运动的或没有实际用处的事件（如温度变化、化学过程）。把空间和时间当作一个“惯性系统”曾是它们的第二个角色。在所有可以想象的参考系之中，惯性系被认为具有优越性，这是因为惯性定律在惯性系中成立。

在这方面最本质的是，“物理现实”（人们认为它是独立于经历它的主体的）至少原则上曾被构想为一方面由空间和时间构成，另一方面由相对于空间和时间运动的永久存在的质点构成。空间和时间独立存在这种观念可以用以下方式来极端地表达：如果物质消失，那么空间和时间会单独留下来（作为发生物理事件的一种舞台）。

越过这一观点起因于一种起初看来似乎与时空问题毫无关系的发展，即场的概念的出现，以及最终有了在原则上取代粒子（质点）这一观念的要求。在经典物理学的框架中，在物质被当作一个连续体来处理的情况下，场的概念是作为一个辅助概念而出现的。例如，在考虑固体的热传导时，物体的状态是通过对该物体上的每一点给出在每一确定时刻的温度来描述的。从数学上来说，这意味着将温度 T 表示为空间坐标和时间 t 的数学表达式（函数），即温度场。热传导定律被表示为一种局部关系（微分方程），其中包括了热传导的所有特殊情况。温度在这里就是场这个概念的一个简单例子。这是一个量（或一组量），它是空间坐标和时间的函数。对液体运动的描述是另一个例子。在每一点，任何时刻都存在着一个速度，这个速度由它相对于一个坐标系的 3 根坐标轴的 3 个“分量”来定量描述（矢量）。这个速度在一点处的 3 个分量（场分量）在这里也都是坐标（x, y, z）和时间（t）的函数。

上面提到的场的特点是，它们只出现在有可测质量的物体内部，它们只是用来描述这种物质的一种状态。按场的概念的历史发展来看，不存在任何物质的地方也不可能存在场。然而在 19 世纪最初的 25 年中，有研究表明，当把光视为一个波动场（与弹性固体中的机械振动场完全类似）时，光的干涉和运动现象可以得到惊人明晰的解释。于是，人们感到有必要引入一个场，它在不存在可测质量物质的情况下，也可以存在于“空的空间”之中。

这种情况造成了一种自相矛盾的局面，因为究其源头，场的概念似乎仅限于描述一个有可测质量的物体内部的状态。这一点似乎更为肯定，这是因为当时人们深信，每一个场都应该被看作一种能够给出机械解释的状态，而这种状态是以物质的存在为先决条件的。因此，人们也感到即使在以前被认为空无一物的空间里，也不得不假定有一种到处都存在着的物质，这种物质被称为“以太”。

在物理思想的发展过程中，把场的概念从它与机械载体相联系的假设中解放出来，这从心理学上来说是有趣的事件之一。19 世纪下半叶，法拉第和麦克斯韦的研究越来越清楚地表明，用场来描述电磁过程大大优于基于质点的力学概念上的处理方法。麦克斯韦将场的概念引入电动力学，从而成功地预言了电磁波的存在。由于电磁波与光波的传播速度相等，因此两者本质上的同一性也就不容置疑了。其结果是，光学在原则上被并入电动力学之中。这一巨大成功所造成的一个心理影响是，场的概念，而不是经典物理学的机械论框架，逐渐获得了越来越大的独立性。

然而，起初人们想当然地认为，电磁场必须被解释为以太的各种状态，还有人热切地寻求把这些状态解释为机械状态。但是，由于这些努力总是遇到挫败，因此科学逐渐习惯了放弃这样一种机械解释的观念。然而人们仍然深信，电磁场必定是以太的一些状态，这就是人们在 19 世纪与 20 世纪之交所持的立场。

以太理论带来了这样一个问题：从力学的角度看，以太相对于有可测质量的物体的行为是怎样的？它是参与物体的运动，还是它的各个部分彼此相对保持静止？为了解决这个问题，人们进行了许多巧妙的实验。在这个方面，应该提到下列两个重要事实：因地球的周年运动而造成的恒星的“光行差”，以及“多普勒效应”，即对于已知的发射频率，恒星的相对运动对从它们到达我们的光的频率所造成的影响。对所有这些事实和实验（只有一个除外，那就是迈克尔孙－莫雷实验）的结果，H. A. 洛伦兹都基于以下假设给出了解释。他假设以太不参与有可测质量的物体的运动，并且以太的各部分之间没有相对运动。因此，以太似乎可以说是一个绝对静止空间的体现。但洛伦兹的研究还取得了更多的成果。它解释了当时已知的、发生在有可测质量的物体内的所有电磁过程和光学过程，前提是假设有可测质量的物质对电场的影响——以及电场对有可测质量的物质的影响——完全是由于物质的组成粒子携带电荷，而这些电荷共享了粒子的运动。关于迈克尔孙－莫雷实验，H. A. 洛伦兹表明了该实验得出的结果至少与静止以太理论不矛盾。

尽管取得了这些漂亮的成功，但这一理论的这种状况仍不完全令人满意，原因如下。经典力学具有相当准确的近似度，这一点不容置疑，然而它使我们认识到，所有的惯性系或惯性“空间”对于自然定律的表述都是等价的，即自然定律在从一个惯性系转换到另一个惯性系时具有不变性。电磁实验和光学实验已经以相当高的精度使我们认识到同样的事情。但是电磁理论的基础告诉我们，必须优先考虑一个特定的惯性系，即静止的光以太参考系。这种理论基础的观念太不令人满意了。难道不能做出任何改变，能像经典力学那样，支持惯性系的等价性（狭义的相对性原理）吗？

这个问题的答案是狭义相对论。它从麦克斯韦–洛伦兹理论中继承了真空中光速恒定的假设。为了使它与惯性系的等价性（狭义的相对性原理）协调一致，就必须放弃同时性所具有的绝对性这一观念。再者，从一个惯性系变换到另一个惯性系，要遵循时空坐标的洛伦兹变换。狭义相对论的全部内容都包含在以下公设中：各自然定律相对于洛伦兹变换是不变的。这一要求的重要之处在于，它以一种明确的方式限定了可能的自然定律。

狭义相对论在空间问题上的观点是什么？首先，我们必须防范这样一种观点：现实的四维性是由这一理论首次引入的。即使在经典物理学中，事件也是由 4 个数字（3 个空间坐标和 1 个时间坐标）确定下来的。因此，整个物理“事件”被认为是嵌入在一个四维连续流形中的。但是，经典力学的基本原则将这一四维流形客观地分拆为一维时间和三维空间这两个部分，只有后者才包含同时发生的事件。所有惯性系都是这样分拆的。如果两个确定事件相对于一个惯性系具有同时性，那么这两个事件必定相对于所有惯性系都具有同时性。我们说经典力学中的时间是绝对的，指的就是这个意思。根据狭义相对论，情况就并非如此了。相对于一个特定惯性系，与一个选定的事件同时发生的所有事件确实是存在的，但这一存在不再与选定什么惯性系无关了。现在无法再将四维连续体客观地分解为若干部分，而使它们全都包含着同时发生的事件。"此刻"对于空间延展的世界就失去了它的客观意义。正因为如此，如果希望在避免不必要的传统任意性的情况下表达客观关系的主旨，就必须把空间和时间视为一个客观上不可分拆的四维连续体。

由于狭义相对论揭示了所有惯性系的物理等价性，因此就证明了静止以太假设是站不住脚的。因此，我们必须放弃把电磁场视为一种物质的载体的一种状态这一观点。于是，场就成为了物理描述中的一个不可削减的元素，正如物质概念在牛顿理论中是不可削减的。

到目前为止，我们一直致力于找出狭义相对论在哪些方面修正了时空概念。现在让我们把注意力集中到这一理论从古典力学中传承来的那些要素上。在狭义相对论中也同样有这种情况：只有当惯性系作为时空描述的基础时，自然定律才具有有效性。惯性原理和光速恒定原理只相对于惯性系才有效。场的定律也只有在惯性系中才具有意义和有效性。因此，正如在经典力学中一样，空间在这里也是表示物理现实的一个独立组成部分。如果我们想象物质和场被移除，那么留下的就是惯性空间，或者更准确地说，留下的是这些空间及与之相关的时间。四维结构（闵可夫斯基空间）被认为是物质和场的载体。惯性空间以及相关的时间是仅有的特许四维坐标系，它们由线性洛伦兹变换连接在一起。由于在这个四维结构中不再存在任何客观代表"此刻"的那些部分，因此发生的与成为的概念实际上没有完全被扬弃，而是变得更为复杂。因此，更为自然的做法似乎是把物理现实视为一种四维存在，而不是像迄今为止那样认为是一种三维存在的进化。

狭义相对论的这种刚性四维空间在某种程度上类似于 H. A. 洛伦兹的刚性三维以太。以下陈述对于狭义相对论也成立：对物理状态的描述基于假设空间是最初给定并独立存在的。因此，即使这一理论也不能消除笛卡儿对于“空无一物的空间”独立存在（或者实际上是先验存在）的不安。这里给出的初步讨论的真正目的是要表明广义相对论在多大程度上克服了这些疑虑。

广义相对论中的空间概念

广义相对论主要是为了理解惯性质量和引力质量的相等而提出的。我们从一个惯性系 S_1 开始论述，从物理角度看，S_1 的空间是空的。换言之，在所考虑的这部分空间中既不存在（通常意义上的）物质，也不存在（狭义相对论意义上的）场。假设还存在着另一个参考系 S_2，它相对于 S_1 做匀加速运动。因此，S_2 就不是一个惯性系。所有实验质量的运动相对于 S_2 都会具有一个加速度，这个加速度与它的物理和化学性质无关。因此，相对于 S_2 存在着一种至少在一阶近似下无法与引力场区分开的状态。于是，以下概念与可观测事实是相容的：S_2 也等价于一个“惯性系”，但是对于 S_2 存在着一个均匀引力场（关于它的起源，我们在此并不担心）。假设无论参考系是什么，这个“等价原理”都可以推广到任何相对运动。因此，当引力场被纳入考虑框架内时，惯性系就失去了它的客观意义。如果有可能在这些基本思想的基础上建立起某种一致的理论，那么它本身就会满足惯性质量和引力质量相等这一事实，而这一点已得到经验的有力证实。

从四维的角度来考虑，4 个坐标的一个非线性变换对应于从 S_1 到 S_2 的变换。现在问题出现了：什么样的非线性变换是允许的，或者说如何推广洛伦兹变换？为了回答这个问题，以下考虑是具有决定意义的。

我们把下面这条特性归属于早期理论中的惯性系：坐标差是由静止的“刚性”测量杆来测量的，而时间差则是由静止的时钟测量的。这是第一个假设，另一个假设是对它的补充：对于静止的测量杆的相对排布和组装，欧几里得几何中关于“长度”的那些定理成立。于是根据狭义相对论的结果，通过基本的考虑可以得出这样的结论：对于相对于惯性系（S_1）做加速运动的参考系（S_2），我们不能再对坐标做这种直接的物理解释了。但如果是这样的话，坐标现在只表示“邻近”的顺序或等级，因此也就表示空间的维度级别，但不能表示它的任何度量属性。因此，这就致使我们要将这些变换推广到任意连续变换。[1] 这就蕴含着广义的相对性原理：自然定律关于坐标的任意连续变换必须是协变的。这一要求（再加上定律要在逻辑上尽可能简单的要求）比狭义相对性原理更加强烈无比地限制了要考虑的自然定律的形式。

这一连串的想法在本质上是基于把场作为一个独立的概念。因为关于 S_2 普遍成立的那些情况已用一个引力场来予以解释了，而不去问关于产生这个引力场的质量是否存在的那个问题。通过这一连串的想法，我们也可以理解为什么纯引力场的定律比一般类型的场（比如说当存在电磁场时）的定律与广义相对论思想的联系更直接。也就是说，我们有充分的理由假设“无场的”闵可夫斯基空间代表了自然定律中可能存在的一种特殊情况，事实上它是可想象的最简单的特殊情况。就其度规特征而言，这样一个空间的特征是由以下事实描述的：$dx_1^2 + dx_2^2 + dx_3^2$ 是一个三维“类空”截面上的两个无限邻近的点之间的、用单位长度来度量的空间间隔的平方（勾股定律）；而 dx_4^2 是具有相同的（x_1, x_2, x_3）的

[1] 这种不精确的表述方式在这里也许已经足以满足我们的要求了。——原注

两个事件之间的、用适当的时间单位度量的时间间隔。所有这一切仅仅意味着为下面这个量赋予了一个客观的度规意义。

$$ds^2 = dx_1{}^2 + dx_2{}^2 + dx_3{}^2 - dx_4{}^2 \qquad (13)$$

式（13）很容易借助洛伦兹变换进行证明。从数学上来讲，这个事实对应于 ds^2 关于洛伦兹变换不变这一条件。

如果现在在广义相对性原则的意义上，这个空间 [参见式（13）] 经历了一次任意的连续坐标变换，那么客观上有意义的这个量 ds 在新的坐标系中就表示为以下关系式。

$$ds^2 = g_{ik}dx_i dx_k \qquad (13a)$$

上式必须对下标 i 和 k 的所有组合 11, 12, …, 44 进行求和。g_{ik} 现在不是常量，而是各坐标的函数，它们由任意选定的变换决定。不过，g_{ik} 并不是新坐标的任意函数，而仅仅是这种类型的函数：它们通过对 4 个坐标的连续变换可以将形式（13a）变换回形式（13）。为了有可能实现这一点，函数 g_{ik} 必须满足某些广义协变条件方程。在广义相对论形成的半个多世纪之前，这些方程早已由 B. 黎曼推导出来（“黎曼条件”）。根据等价原理，在函数 g_{ik} 满足黎曼条件时，式（13a）用普遍协变形式描述了一种特殊类型的引力场。

由此可知，在黎曼条件得到满足时，一般类型的纯引力场所遵循的定律也必须满足，但它必定比黎曼条件更弱或限制更少。这样，纯引力的场定律实际上就完全确定了。我们在这里不再更详尽地论述这一结果的合理性。

我们现在可以看到，向广义相对论的转变在多大程度上改变了空间的概念。根据经典力学和狭义相对论，空间（时空）是独立于物质或场而存在的。为了能够描述在任何程度上充满空间且依赖坐标的东西，必须首先认为时空或惯性系及其度规性质是现有的，否则“充满空间”的东西这一描述将没有意义。[1] 另外，根据广义相对论，与“充满空间的东西”相对的空间是不能独立于这些东西而存在的。因此，通过求解引力方程就可以用 g_{ik}（作为坐标的函数）来描述纯引力场。如果我们想象移除引力场，也就是移除函数 g_{ik}，就不会留下一个式（13）类型的空间，而留下的是绝对的*一无所有*，也没有“拓扑空间”。这是因为函数 g_{ik} 不仅描述场，同时也描述流形的拓扑和度规结构特性。从广义相对论的观点来判断，一个式（13）类型的空间并不是一个没有场的空间，而是 g_{ik} 场的一种特殊情况：此时，对于所使用坐标系（其本身并无客观意义）而言，函数 g_{ik} 具有不依赖坐标的值。不存在空无一物的空间（即没有场的空间）这样的东西。时空并不是仅凭自己就具有存在性的，而只是作为场的一种结构性质而存在的。

因此，当笛卡儿认为必须排除空无一物的空间的存在时，他离真理并不太遥远。不过，只要认为物理现实仅存在于有可测质量的物体中，这个概念就确实显得荒谬可笑。要显示笛卡儿的想法的真正内核，就需要用场来代表现实这样一种观念，同时结合广义相对论。“没有场”的空间是不存在的。

广义的引力理论

因此，基于广义相对论的纯引力场理论是很容易得到的，这是因为我们可以确信，度规符合式（13）的“无场”闵可夫斯基空间必定满足

[1] 如果我们考虑移除充满空间的东西（比如说场），那么符合式（13）的度规空间就仍然存在，这个度规空间也会决定引入其中的实验物体的惯性行为。——原注

场的普遍定律。在这个特例中，通过一种几乎没有任意性的推广，引力定律就作为必然结果出现了。这种理论的进一步发展并非如此明确地由广义相对性原则所决定。在过去的几十年里，有了各个方面的尝试。所有这些尝试都有一个共同点，那就是把物理现实设想成一个场。此外，这个场是对引力场的一种推广，并且在这种推广中，新的场定律是对纯引力场定律的推广。经过长时间的探索，我相信我现在已经为这种推广找到了[1]最自然的形式，但我还知道这条推广后的定律能否经得起经验事实的检验。

在上述一般考虑中，个别场定律的问题是第二位的。目前的主要问题是，这里所考虑的那种场理论究竟能否使我们最终达到目标。这样说指的是需要一种理论，它通过场来详尽地描述物理现实，其中包括四维空间。当代物理学家倾向于以否定的态度回答这个问题。根据量子理论的现有形式，人们认为一个体系的状态是不能直接指定的，而只能通过对该体系可获得的测量结果的统计上的陈述来间接地予以指定。当前流行的信念是，只有通过对现实概念的这种削弱，才能实现在实验上确认的自然二元性（微粒结构和波结构）。我认为将这样一种会产生巨大影响的理论抛弃，就目前而言还不能由我们的实际知识表明是有道理的。因此，我们不应该断了沿着相对论性场理论的道路追逐到底的念头。

[1]　这种推广的特征可以用以下方式描述。根据函数g_{ik}来源于空的“闵可夫斯基空间”，因此它的纯引力场具有由$g_{ik}=g_{ki}$（$g_{12}= g_{21,}$ 等等）给出的对称性。推广的场也是同一类型，但不具备这种对称性。此时的场定律的推导完全类似于纯引力的那种特殊情况。——原注

阅读指南：14 篇评注

本阅读指南包括一系列关于相对论的基本观点、概念和方法的评注，这些都是（狭义和广义）相对论的基本构成要素。不应认为本阅读指南可替代爱因斯坦的原作。此外，爱因斯坦在介绍他关于相对论革命的两大篇章时所写的那本小册子里所呈现的优美和完整也并不依赖这些评注。事实上，这本小册子的大多数版本不包含这样的辅助评注（据我们所知，只有一个版本例外）。[1] 本阅读指南的目的是通过以下三方面去帮助读者：一是对小册子所论及的那些问题予以进一步的阐明；二是追溯在小册子出版的前前后后这些问题在爱因斯坦思维过程中的演变；三是从当今的角度来看待这些问题。我们有时会改变一下爱因斯坦所用的表述方式，但始终会把它与文本以外的东西联系起来。

[1] Einstein, Albert. *Relativity: The Special and the General Theory,* trans. Robert W. Lawson; introduction by Roger Penrose; commentary by Robert Geroch; with a historical essay by David C. Cassidy（New York: Pi Press, 2005）.——原注

物理学与几何学（第1~2节）

第 1 节的讨论贯穿了本书的一个中心问题：物理学和几何学之间的关系。几乎每个人都在其受教育的过程中的某个时段遇到过欧几里得几何学，它有着极具权威式的魅力。事实上，许多世纪以来，欧几里得几何学一直充当着真正科学理论的典范。然而，爱因斯坦通过审查几何断言为“真”的含义，挑战读者去质疑对这些几何断言的可靠性的信心。几何学在其漫长历史中也一再被用作阐明对科学真理的哲学理解的参考点。爱因斯坦建立起他自己的观点，这些观点与他对相对论的系统阐述密切相关。

他首先批判性地提出了以下观点：把几何学看成一种纯数学理论，包含着由一组公理从逻辑上推导出来的命题。这一观点受到了当代数学家的青睐，于是这类命题的“真”便归结为公理的“真”。然而，这些公理的“真”又意味着什么，这一点还不清楚。当我们意识到可以制定出其他一些另类的公理，从而引出其他非欧几里得几何形式时，这个问题就变得特别明显了。那么，哪些是“真的”公理呢？这个问题不能基于纯数学来判定。

爱因斯坦解释说，尽管如此，人们还是倾向于认为几何命题为真，因为它们源自对真实物体的经历，而这些经历构成了基本几何概念（如刚体概念）的基础。爱因斯坦并没有为了几何学在逻辑上的封闭而消除这样的概念，而是明确地把它们添加到概念的大厦之中，从而把几何学变成了一门物理科学，其中的“真”可以通过与现实的一致而建立起来。他通过援引实践知识中的例子来说明这样添加的有用性，例如试图通过沿视线对齐来检查3个位置是否位于一条直线上。同样，爱因斯坦还提到了使用“实际上可视为刚性”的物体来进行几何测量的习惯。他强调实践经历作为知识层本身的作用，而不是试图通过一种包罗万象的基础理论来把几何学变成一门物理科学。事实上，当进一步的知识使之成为必要时，作为一种临时心理模型概念，实际上可视为刚性的物体是可以修改的。的确，刚体这一概念在相对论中变得有问题了。

1921年1月，爱因斯坦在向普鲁士科学院递交的一篇题为《几何学与经历》(*Geometry and Experience*)的讲稿[1]中，更为详细地表达了这些想法，并给出了关于其意义的决定性信息。其中的关键论点值得在此做一番总结。由于需要获得有关真实物体行为的信息，因此一般而言的数学，特别而言的几何学，已经为人类所欣然接受。事实上，几何学这个词语的意思是测量地球。单单纯公理的几何并不能对测量过程所必需的真实物体的行为做出断言，而是必须用一个与真实物体的联系对这一几何学加以补充，从而构成前述意义上的“实际几何学”。

爱因斯坦总结道：“这样完成后的几何学显然是一门自然科学。事

[1] CPAE vol. 7, Doc. 52, pp. 208-222，下文中引用了其中的第211页。——原注

实上，我们可以认为它是物理学中最古老的分支。”他强调了这句话的重要性：“我特别重视我刚才提出的这种几何学观点，因为如果没有它的话，我就不可能对相对论做出系统的阐述。”我们将在接下去的几篇评注中证实这一要旨。

要测量两点之间的距离，我们需要一根标准测量杆和一种确定一个点在刚体上的位置的方法。为了达到这一目的，爱因斯坦在第 2 节中介绍了笛卡儿坐标系，强调坐标系必须与刚体相连，并且点的位置是相对于该刚体来定义的。正如一个刚体的直观概念是爱因斯坦引入实用几何学的基础，这里引入坐标是作为地标（比如日常经历中所熟悉的城市中的一个地方的名称）心理模型的一个推广。类似地，坐标将一个位置与一组数字联系起来，这组数字是借助实际上可视为刚性的物体通过测量得到的，假定这些刚体的位移符合欧几里得几何定律。第 2 节的基本概念相当简单，很可能大多数读者都知道。尽管如此，爱因斯坦在讨论这些基本概念时仍然非常谨慎，因为在广义相对论的范畴内，这种简单性将会消失，一切都必须重新加以审视。

力学与空间（第3~6节）

第 3 节到第 6 节阐明了经典力学中描述运动的基本原则，并以速度相加经典定律达到高潮。与前两节一样，爱因斯坦非常谨慎地讨论了这种描述中那些显而易见且看似简单的要素，这为读者在过渡到狭义相对论甚至广义相对论的过程中需要放弃其中一些原则做好了准备。

他首先描述了一种运动，然后继续讨论惯性运动这一特殊情况以及经典力学中的优先参考系。他将这种参考系命名为“伽利略坐标系”。接着，他转向经典的相对性原理，推导出速度相加定律。这将作为一个出发点，以证明有必要在接下去的章节中超越经典时空概念。

经典物理学中对物体运动的描述，详细说明了该物体在空间中的运动路径，以及它在这条路径上运动到不同位置时所经过的时间。前面这句话中包括了*路径*、*空间*、*位置*和时间这些词，它们代表了需要仔细考虑的那些概念。特别是，如果不指定一个刚体（称为*参考物体*），那么询问物体在空间中的路径就是毫无意义的，因为这条路径是相对于这个刚体来予以描述的。对这条路径的数学描述需要一个刚性连接到这个参考物体上的坐标系。现今通常将参考物体连同其上的坐标系一起叫作参考系。

牛顿力学最显著的成就之一是洞察到自然界有一类特别简单的、“不受扰动的”特殊物体，它们沿着一类特别简单的特殊路径运动。这些简单的物体可以被描述为自由粒子，而这些简单的运动现在被称为惯性运动，在这种情况下就是沿着直线的匀速运动。偏离这些简单运动被归因于外力的干预。牛顿对惯性原理的表述，正如爱因斯坦的表述一样，适用于所有物体。他说：“每个物体都保持静止状态或匀速笔直向前的运动状态，除非它受到外力的作用而被迫改变状态。”受到力的作用的物体于是不再是遵循简单惯性路径的简单物体。但是，如果把力仅仅定义为与惯性运动的偏离相关，那么在惯性运动的定义中使用力的概念似乎就是一种循环推理了。为了避免这种循环，爱因斯坦将一个做惯性运动的物体表征为一个离其他物体足够远的物体。然而，这种表征也有问题，因为它与以下事实相冲突：引力很特别地具有无限长的力程，并且无法被屏蔽。这个问题的终极原因是引力和惯性这两方面是不可分割的。广义相对论将为这个问题提供一个深刻的解决方案。

在前一节中，爱因斯坦强调了物体的路径取决于描述它时所使用的坐标系。一个物体以恒定的速度沿着一条直线相对于地面移动，而在一个与旋转木马相连的坐标系中，它会沿着一条非常不同的轨迹运动。如果在一个坐标系中，惯性原理可以用匀速直线运动来表示，那么这个坐标系就被称为伽利略坐标系，通常称为惯性参考系。这样的参考系为经典力学中的各条定律提供了一种特别简单的阐述方式。但是，我们如何选择这样的一个参考系呢？从历史上看，这是一个被广泛讨论过的问题。爱因斯坦认为，我们必须首先选择一种可以合理描述为惯性运动的特定运动情况（比如说恒星的运动），然后寻找一个可以将这种运动描述为匀速直线运动的坐标系。这样，使用一个与地球刚性连接的坐标系就行不通了，因为从这个坐标系来看，恒星每天都在转动。

伽利略坐标系并没有挑选出一个可以被视为“静止”的优先惯性参考系，而是存在着一整套惯性参考系。每一个相对于给定惯性参考系做匀速直线运动的参考系也有资格作为一个惯性参考系，惯性原理相对于它仍然以前述的简单形式成立。更一般地说，在这些惯性参考系的每一个里都存在着相同的自然定律。爱因斯坦把这一点称为狭义相对性原理。从一个惯性坐标系到另一个惯性坐标系，自然定律保持不变，正如一个图形在欧几里得空间中发生平移时，其几何性质保持不变，这就显示出这个空间的一种对称性。类似地，相对性原理构成了牛顿空间的对称性，这是因为力学定律不依赖空间中的位置和方向。这是一条非常重要的基本原理，因此在向广义相对论过渡之初，会再次对它进行仔细分析。第5节标题中的“狭义”二字是指其中的讨论只涉及伽利略坐标系，即惯性参考系。

对于牛顿力学定律而言，相对性原理的有效性已牢固确立了。19世纪，物理学经历范围的重大扩展，提出了这样一个问题：这一原理是否也适用于光学领域和电磁学领域，特别是由于事实证明不可能把这些领域简单地归结为力学定律。因此，完全可以想象，即使是像相对性原理这样的力学基本原理也不会适用于它们。这一推测似乎也有其可信之处，因为光学和电动力学的发展决定性地依赖以太这一概念。以太是一种假想的不可见介质，它弥漫在整个物理空间之中，并充当光和其他电磁场的载体。静止的以太自然会提供一个独一无二的绝对静止参考系。

爱因斯坦在这里并没有提到，在相对论建立之前的物理学中，以太的概念就已被引入并得到普遍接受。更确切地说，他在此只给出两个一般性的理由，以说明为什么人们仍然期望相对性原理不仅适用于力学领域，而且适用于其他领域。他的第一个理由是尽管力学有其局限性，但仍然取得了巨大的成功，而相对性原理由于其普遍性，不大可能只适用于力学。第二个理由是地球绕太阳运动所造成的效应。如果相对性原理不适用于所有物理学领域，而是与此相反，存在着一个静止的优先坐标系，那么空间相对于不同方向的运动就会是各向异性的。尽管进行了许多艰难的尝试，但从未观测到这种各向异性。尽管爱因斯坦没有明确地提及这些尝试，但他在这里指的是那些未能展示出地球运动对光的传播造成任何可观测的影响的实验，例如著名的迈克尔孙–莫雷干涉实验。

爱因斯坦对经典牛顿力学本质的扼要重述有一个简单的、看似微不足道的推论，他在第 6 节中讨论速度相加定理时提出了这个推论。如果对于一个物理对象的运动，首先相对于一个参考系来考察，然后相对于另一个参考系来考察，而第二个参考系本身在相对于第一个参考系运动，那么通过将这两个运动结合起来，就得到了这个物理对象相对于第二个参考系的运动。如果这两个运动沿着同一直线、同一方向，那么根据经典物理学，结果得到的合速度就只是这两个运动的速度之和。然而，这个看似显而易见的结论与光学和电动力学的一条基本原理发生了冲突，爱因斯坦用接下去的一节专门讨论了这一冲突。

光的传播与时间（第7~9节）

在接下去的 3 节中，爱因斯坦迈出了从经典物理学到相对论物理学的决定性一步。他首先解释说，由于经典物理学中的一个基本冲突，因此就必须走这一步了。然后，他明示了如何通过放弃经典的时间概念来解决这一冲突。在随后的几节中，他将以同样的方式重新审视经典的空间概念。

这里的出发点是一个似乎很简单的物理事实——光速恒定。这一恒定性对于所有颜色的光都成立。天文观测更进一步证实了光速与光源无关。[1] 光的传播是两个物理学领域——光学和力学之间的一个典型的边缘问题，这就可能导致概念上的分歧。从前面讨论过的运动定律角度，

[1] De Sitter, Willem. Ein astronomischer Beweis fur die Konstanz der Lichgeschwindigkeit. *Physik. Zeitschr.*.14,429（1913）; Uber die Genauigkeit, innerhalb welcher die Unabhangigkeit der Lichtgeschwindigkeit von der Bewegung der Quelle behauptet werden kann. *Physik. Zeitschr.*,14, 1267（1913）; A proof of the constancy of the velocity of light. *Proceedings of the Royal Netherlands Academy of Arts and Sciences* 15（2）: 1297-1298（1913）; On the constancy of the velocity of light.*Proceedings of the Royal Netherlands Academy of Arts and Sciences* 16（1）: 395- 396（1913）.——原注

如何来理解光速的恒定性?

假设沿着移动的火车车厢发射一束光，发射方向即火车的运动方向，光速为 c。相对于往同一方向运动的这列火车，这束光的速度会由于火车的速度而相应减小。在这列火车上的观察者看来，这束光的传播速度会等于速度 c 减去火车的速度。这一结果根据前一节中给出的速度相加定理得出的。经典的时空概念，尤其是假设在所有参考系中都有一个以相同方式流逝的绝对时间，直接导致了这一结果。但是这个结论是与相对性原理相抵触的，因为根据这条定理，自然界中的基本定律——因此也包括光速恒定定律——在所有惯性参考系中都应该是相同的。

这时，爱因斯坦解释了摆脱这个困境的几种选择。鉴于第 5 节中解释过的相对性原理的基本特征，似乎有理由保留这条原理，而是去寻求修改光的传播定律，使之与相对性原理相容。1905 年，爱因斯坦发表了他的论文《论运动物体的电动力学》(*On the Electrodynamics of Moving Bodies*)[1]，建立了后来被称为狭义相对论的理论。在这之前，他让自己朝着一个相似的方向去寻找，试图创造一种与相对性原理相容的关于光的新理论。但正如他接下来所解释的，由荷兰物理学家亨德里克·安东·洛伦兹(Hendrik Antoon Lorentz, 1853—1928)创立的电动力学理论取得了如此势不可挡的成功，以至于他最终发现不可能找到一种令人信服的理论来替代它。然而，这种理论所基于的前提是存在一个优先参考系，在这个参考系中，真空中的光速是一个常数。

洛伦兹的理论在解释所有光学和电磁现象方面取得了非凡的成功，这就使上述困境凸显出来了，进而把光速恒定变成了一条无可争辩的基

[1] CPAE vol. 2, Doc. 23, pp. 140-171.——原注

本自然定律，而这似乎与相对性原理是冲突的。正是在这种情况下，年轻的爱因斯坦意识到，要摆脱这一深刻的困境，不能从电磁学和光学的另一种替代理论中找到答案，而要从新的时空概念中找到出路。我们这段文字显然概括了爱因斯坦本人的研究之路。

正是由于对哲学文献的研读，特别是哲学家大卫·休谟（David Hume, 1711—1776）和恩斯特·马赫（Ernst Mach, 1838—1916）的著作，以及与朋友们的讨论，尤其是与工程师米歇尔·贝索的讨论，爱因斯坦达到了这个新的思考层面。他从中得到的教益是，我们有关空间和时间的概念是人类的建构，它们应该根据经历来检验，并且当考虑到新的经历（例如体现在电动力学定律中的那些经历）时，这样的一种审核可能会导致对这些概念的修改。

爱因斯坦在1905年发表的论文[1]中提出了狭义相对论最初的系统表述。该论文首先详细分析了“火车在 7 点到达这里”这句话的含义。这一分析需要仔细地考查时间的意义及其度量，而由此得出的结论是：同时性的基本概念是相对于所选参考系而言的。如果一位观察者在一个惯性参考系中，他根据第 8 节和第 9 节中描述的一种定义明确的方法，判定了两个事件是同时发生的，那么在相对于第一个参考系做匀速运动的另一个参考系中，这两个事件就不会同时发生。由于观察者通过有限的光速来接收远处发生的事件的信息，因此同时性的概念需要一种新的解释。

[1] CPAE vol. 2, Doc. 23, pp. 140-171.——原注

爱因斯坦很久以后在他的《自述注记》中提及同时性的含义时，评论了要摆脱对同时的绝对性的信念是多么困难。他说："清楚地认识这条公理及其任意性已经暗示了解决这一问题的本质。发现这一中心点（同时的相对性）所需的那类批判性推理得到了决定性的深化，尤其对我来说是通过阅读大卫·休谟和恩斯特·马赫的哲学著作来进行的。"[1]

同时性的相对性破坏了速度相加定律的基础，而此定律导致了光速恒定与相对性原理之间的冲突。现在可以想得到，换一种加法定律可能会避免这种冲突，从而也就能得出这样的结论：在火车上测得的光速与路基上的观察者测得的光速相同。

[1] *Autobiographical Notes*, p. 51.——原注

光的传播与空间（第10~12节及附录1）

在接下去的 3 节中，爱因斯坦解释了作为他的狭义相对论的基础的基本时空性质，以解决相对性原理与光速恒定假设之间的冲突。这些基本性质是借助洛伦兹变换（它的推导过程在附录 1 中给出）来描述的。在正文中，爱因斯坦着重讨论了将它们应用于研究移动的测量杆和时钟的行为。

火车上的乘客要测量火车上两个特定点之间的距离，那是一件简单的事情。乘客只需使用一根单位长度的测量杆，并数出这根杆被首尾相接地放置在这两点之间的次数。如果要由路基上的观察者进行这一测量，那么情况就会比较复杂，其时火车相对于路基以恒定速度 v 运动。首先，必须定义进行这种测量的程序。爱因斯坦规定了如下程序：路基上的观察者必须在路基上标记出 A 和 B 两点，它们与经过的火车上的特定两点重合。其中关键的要素是，这两个重合必须发生在由路基上的时钟测得的同一时刻 t。然后，在火车经过以后，观察者可以用通常的方法测量它们之间的空间距离。

在经典力学中，对一根运动杆的长度进行两次测量（一次是由一位随杆运动的观察者做出的测量，另一次是由一位静止的观察者做出的测量），会得到相同的结果。同样，两个事件之间的时间间隔也与参考系的运动状态无关。经典力学的这两条基本原则导致了相对性原理与光速恒定之间的矛盾，这已在第 7 节中讨论过。应该如何修改这两个原则以消除相对性原理与光速恒定之间的不兼容？这个问题的答案由洛伦兹变换给出：洛伦兹变换定义了在一个参考系 K 中的空间和时间坐标 x, y, z, t 与同一事件在相对于 K 做匀速运动的另一个参考系 K' 中的坐标 x', y', z', t' 之间的数学关系。爱因斯坦在第 11 节中给出了洛伦兹变换的数学形式，并与经典力学中的伽利略变换进行了比较。

洛伦兹变换的一些主要结果如下。

光速恒定：如果在参考系 K 中，在 $t_0=0$ 时刻，从坐标系的原点（$x=0, y=0, z=0$）沿 x 轴发送一个光信号，则它在时刻 t 到达 $x=ct$ 这一点。在另一个参考系 K' 中，坐标 x, t 变换为 x', t'，于是有 $x'=ct'$。因此，这个光信号在参考系 K' 中以相同的速度 c 传播。

长度收缩：如果一根杆在其自身参考系中的长度为 L，那么在一个相对于杆以速度 v 做匀速运动的参考系中测得这根杆的长度等于 L 乘以 $\sqrt{1-v^2/c^2}$。因此，运动中的观察者测得的杆长相对于静止杆缩短了。

时间膨胀：假设在一个参考系中的同一位置发生了两个事件，由该参考系内的时钟测得它们之间的时间间隔等于 t。如果用一个相对于第一个参考系以速度 v 运动的时钟来进行测量，那么这两个事件之间的时间间隔为 $\frac{t}{\sqrt{1-v^2/c^2}}$。因此，运动中的时钟的走时速率比静止时钟慢。

洛伦兹变换在爱因斯坦狭义相对论建立之前，就由荷兰物理学家亨德里克·安东·洛伦兹在他的电磁学研究背景下引入了。1905 年，爱因斯坦认识到要求相对性原理也适用于电磁学，就必定意味着洛伦兹变换成立。描述所有电磁现象的麦克斯韦方程组在洛伦兹变换下，在不同的惯性参考系中保持其形式不变（即它们是协变的）。

运动杆长度的缩短称为洛伦兹 - 菲茨杰拉德收缩。亨德里克·安东·洛伦兹和爱尔兰物理学家乔治·菲茨杰拉德（George FitzGerald，1851—1901）假设性地提出这一理论，以解释为何未能探测到地球穿过以太的运动，从而拯救了将以太作为一个静止参考系的假设（这在当时是公认的物理学基石之一）。我们在对第 16 节作评注时再回来讨论最后两点。

相对论时空中的物理学（第13~16节）

在接下去的 4 节中，从一些著名的经典实验（如菲佐实验）到其革命性含义（如质量和能量的等价），爱因斯坦回顾了支持他的理论的证据。

爱因斯坦试图使相对性原理与光速恒定原理协调起来，这就导致他发现了狭义相对论。这两条原理的互不相容源于这样的一个事实：经典物理学中的相对性原理意味着，如果一个人在火车上以相对于火车的速度 w 运动，而火车在以速度 v 相对于路基运动，那么路基上的一位观察者将测得火车上那个人的速度为 $W = v + w$。如果我们用一束传播速度为 c 的光来代替火车上的人，那么路基上的观测者看到的这个速度会等于 $W = v + c$。这个结果违反了光速应该在所有参考系中保持恒定这条原理。因此，为了化解这种不相容，就需要有一种新的速度相加方案。洛伦兹变换中隐含着这种方案，而其数学形式由第 53 页的式（B）给出。用这条新的速度相加定律进行简单的运算就会得出光速恒定原理是成立的。

这时爱因斯坦转向菲佐实验，他认为这是由他的理论推断出新加法定律的关键证据。在 19 世纪中叶，物理学家希波吕特·菲佐进行了一项实验，来研究介质运动对光速的影响。在这个实验中发射一个光信号，使其通过移动的液体，这立刻引发了一个问题——光的速度如何受到运动介质的影响，并由此关系到速度相加定律。在流体介质中，光以较低的速度传播，该速度由流体的折射率 n 决定。参数 n 可由流体的一些光学性质确定，它等于光在真空与流体中的速度之比。菲佐测量了光在流动的水中的传播速度。如果假设中的以太完全被拖着走，那么结果测得的传播速度就会等于水的流速加上光在水中的传播速度，后者由水的折射率决定。然而，观测到的数值明显小于此值。当时，对这个结果的解释借助以下假设：携带光信号的以太只是部分地被移动的液体所拖曳。爱因斯坦引用这一结果作为相对论速度相加定律的决定性证据。

狭义相对论的启发价值在于它规定了一个数学准则，这是所有描述自然定律的方程组都必须满足的。描述所有自然定律的数学表达式都依赖空间和时间坐标。这些坐标在洛伦兹变换下从一个坐标系变换到另一个坐标系，但物理定律的数学公式必须保持不变，即这些定律在洛伦兹变换下必须是“协变的”。这是因为相对性原理表明，这些定律在所有惯性参考系中都是相同的。麦克斯韦方程符合这条准则，这不足为奇，因为洛伦兹变换就是为了达到这个目的而建立的。然而，对牛顿运动定律进行一下考察就会发现它不符合这条准则，因此必须修改它以符合这一准则。合适的修改会给出一些新的结果。

质量和能量的等价

相对论力学最重要、最著名的结果是，一个物体的惯性质量（它决定了物体在明确的力的作用下所产生的加速度）随着其能量的变化而变化，从而可以视为其所含能量的一个量度。爱因斯坦最初在他的开创性论文《论运动物体的电动力学》[1] 中漏掉了狭义相对论的这一结果，而在短短几个月后的一篇简短的后续论文《物体的惯性是否取决于其所含能量？》(*Does the Inertia of a Body Depend on Its Energy Content?*)[2] 中发表了这个结果。他在这本小册子中重复了这一论点，指出若物体以辐射形式接收能量 E，则它的质量增加 E/c^2。

1905 年夏天，爱因斯坦给他在那段时间经常分享想法的朋友康拉德·哈比希特（Conrad Habicht）写信说：“电动力学研究的一个结果确实在我的脑海中闪过。那就是相对性原理与麦克斯韦基本方程组一起，要求质量是一个物体所含能量的直接量度，光携带着质量。在镭的情况下，质量的显著减少必定会发生。这种考虑既有趣又诱人。但据我所知，全能的上帝也许对这整件事一笑置之，而且也许一直在牵着我的鼻子转。”[3]

爱因斯坦在很多场合（包括在这里）都强调过这一结果的一个直接结论。在经典物理学中有两条独立的守恒定律——质量守恒和能量守恒。既然质量是能量的一种形式，那么在任何物理过程中，质量变化就是能量平衡的组成部分。故此，在相对论力学中只有一条守恒定律。

质量和能量的等价表示为数学表达式 $E = mc^2$，这可能是人类历史上由 5 个符号构成的最著名的组合。它出现在世界上几乎每个国家的商品和邮票上。由于光速如此之大，而它的平方还要大得多，因此这个表达式表明，小小的一点质量就相当于巨大的能量。这个能量相当于一个静

[1] CPAE vol. 2, Doc. 23, pp. 140-171.——原注

[2] CPAE vol. 2, Doc. 24, pp. 172-174.——原注

[3] Einstein to Conrad Habicht, May 1905, CPAE vol. 5, Doc. 28, p. 21.——原注

止质量为 m 的粒子的能量。对于一个以速度 v 运动的粒子，其能量由第 58 页的第二个表达式给出。对于较小的 v，该式简化为第 58 页的第三个表达式，这是质量 m 所含能量与质量为 m 的运动粒子的经典动能之和。

当时还无法直接证明等式 $E = mc^2$ 的有效性，但在 1932 年英国卡文迪什实验室进行的一次核反应中，英国物理学家约翰·科克罗夫特（John Cockroft）和爱尔兰物理学家欧内斯特 · 沃尔顿（Ernest Walton）分别首次证实了该式。他们研发出第一台粒子加速器，并用它加速质子撞击锂核目标。撞击产生了两个氦核（即所谓的 α 粒子）。一个质子和一个锂核的质量之和超过了两个 α 粒子的质量之和，其中亏损的质量转化为 α 粒子的巨大动能。

1933 年，核物理学奠基人之一、卡文迪什实验室负责人欧内斯特 · 卢瑟福勋爵（Lord Ernest Rutherford）描述了这个实验 :“在这些过程中，我们可能会获得比质子提供的能量多得多的能量，但平均而言，我们不能指望以这种方式获得能量。这是一种非常糟糕的、低效的产能方式。任何在原子转化过程中寻找能量来源的人都是在痴人说梦。不过，这个课题在科学上具有趣味性，因为它让我们深入洞察了原子。”[1]6 年后，这种“胡说八道”导致了核裂变的发现，而仅仅 12 年后，日本的两座城市被原子弹摧毁。

有一种质量转化为能量的核反应过程对人类的影响最大。在太阳的核心，4 个质子经过一连串核反应转化为一个 α 粒子。4 个质子的质量大于一个 α 粒子的质量。在这个过程中失去的质量就是太阳能的来源，

[1] “The British Association: Breaking Down the Atom.” *Times*（London）, September 12, 1933.——原注

因此也就是地球上能源和生命的直接和间接来源。

狭义相对论是否有实验支持

爱因斯坦首先强调，任何与麦克斯韦－洛伦兹电磁学理论相一致的东西都支持狭义相对论，因为狭义相对论是由该理论演变出来的。作为一个例子，他提到了地球运动对恒星光线的影响。虽然这些效应在原则上可以用经典理论来解释，但是用狭义相对论来解释要简单得多。此外，狭义相对论还为一些效应提供了新的、直截了当的解释，而旧理论只能通过引入人为假设来解释这些效应，比如一个物体由于通过以太运动而收缩。爱因斯坦用两类实验发现来说明这一点，其中一类是粒子束实验，另一类是光的干涉实验。

对于所谓的 β 辐射（由某些放射性元素发射）所提供的电子束以及由阴极射线所提供的电子束，人们进行了广泛的实验。阴极射线是从带负电的金属板（阴极）发射出的电子束，在真空管中传播到带正电的阳极。直到爱因斯坦的这本小册子出版时，这些实验与狭义相对论的预测之间并没有发生什么矛盾。这些预言本质上与洛伦兹的预言一致，只不过洛伦兹需要引入电子在其运动方向上的收缩。10 年前的情况并非如此。大多数实验尚无定论，一位经验丰富、受人尊敬的实验物理学家沃尔特·考夫曼（Walter Kaufmann）发表了与爱因斯坦的预言相悖的结果，甚至提出了另一组描述电子运动的方程。考夫曼的研究结果引发了激烈的争论。爱因斯坦怀疑它们的正确性，尤其是反对他所提出的运动方程。尽管爱因斯坦认同实验是对一种理论的最终检验，但是在现在的这种情况下，他对狭义相对论的理论基础如此有信心，以至于坚信实验终究会与之相符，结果也确实如此。

在 19 世纪末和 20 世纪初，一些经验结果严重地挑战了经典物理学的公认框架。一些杰出的物理学家试图解决这些难题。除了爱因斯坦之外，大多数物理学家不愿意放弃经典物理学的基本定律和假设，而愿意采用一些附加的假说，它们既不能由已知的物理定律推得，又难以证明其正当性。其中最著名的经验研究发表于 1887 年，是美国物理学家阿尔伯特·迈克尔孙(Albert Michelson, 1852—1931)和爱德华·莫雷(Edward Morley, 1838—1923 ）为探测地球相对于以太的运动而进行的实验。人们在经典物理学中引入存在这种看不见的介质的假设有两个目的。一是它被认为充当着一种介质，从而麦克斯韦方程组所预言的电磁波能够在其中传播，正如声波在空气中传播以及海浪在水面上传播一样。二是以太还充当着一个绝对参考系，麦克斯韦方程组相对于它有效。在经典物理学的伽利略变换下，麦克斯韦方程组在每一个相对于这个绝对参考系运动的参考系中都呈现出不同的形式。

如果地球与以太之间存在着运动，那么就应该有一种“以太风”，它对光速造成的影响取决于光的传播方向，正如游泳者的运动速度是变快还是变慢取决于他是顺流还是逆流一样。迈克尔孙 – 莫雷实验就是为测量这样的一种效应而设计的。一束光被分成朝不同方向前进的两束，经过相等的距离后，它们最终击中同一个目标。如果这两束光沿着不同的路径在以太中通过相同的距离，一束平行于地球的运动方向，另一束垂直于地球的运动方向，那么人们预期它们应该以不同的速度运动，因此击中最终目标所需的时间会略有差异。该实验的不寻常结果是：没能检测到这样的时间差。实验的测量精度如此之高，因此这一结果的有效性是毋庸置疑的。

为了拯救经典物理学的那些前提，洛伦兹和菲茨杰拉德假设实验装置中的长度随着地球相对于以太的运动而缩短，而缩短的量可以补偿这个时间差，正如我们在对第 12 节的评注中提到的那样。洛伦兹将这种长度收缩归因于对带电物质（电子）性质的一些假设。在爱因斯坦的狭义相对论中，由相对性原理与光速恒定原理和谐共存自然地产生了这一结果。在狭义相对论这个理论中，不需要有以太的概念。

爱因斯坦在他的第一篇关于狭义相对论的论文中并没有明确地提到迈克尔孙–莫雷实验，但是间接提及过，他说试图探测地球相对于“光介质”的运动遭到了失败，是导致他得出下列结论的原因之一，“不仅在力学中，而且在电动力学中，这些现象没有对应于绝对静止这一概念的任何属性”。[1]

[1] CPAE vol. 2, Doc. 23, p. 140.——原注

四维世界（第17节和附录2）

赫尔曼·闵可夫斯基是苏黎世联邦理工学院的一位数学教授。爱因斯坦曾是该校的学生，并且听过他讲授的几门课程。1908 年，他证明了爱因斯坦的狭义相对论可以在几何上理解为一种四维时空理论。

我们已经使用事件这一概念来描述物理上发生的事情。一个事件是由其发生的位置和时间所表征的。空间中的位置由 3 个数（坐标）x, y, z 给出，于是空间由所有点形成了一个三维连续体。指定一个事件还需要另一个参数（坐标），即该事件发生的时间 t。在经典物理学中，时间是绝对的，与空间坐标无关。因此，在经典物理学中，把由 x, y, z, t 这 4 个参数描述的事件作为一个四维时空中的点来处理是没有任何好处的。更确切地说，经典物理学中存在的是一个三维空间连续体和一个独立的一维时间连续体。

在狭义相对论中，情况就不同了。假设一个事件在一个坐标系中的坐标是 x, y, z, t。从另一个惯性参考系中进行观察，这个事件的时间 t' 由它在初始坐标系中的时间和空间坐标决定。洛伦兹变换的本质是：空间坐标和时间坐标的这种混合使得将它们组合成一个四维时空变得很方便。在闵可夫斯基的表述之中，时间坐标总是乘以光速 c，所以 ct 具有距离的量纲，就像空间坐标一样。此外，它还乘以虚数 $\mathrm{i}=\sqrt{-1}$。闵可夫斯基称之为世界而我们称之为时空的四维连续体 x, y, z, ict，本质上是一个四维几何空间，类似于普通的欧几里得空间。粒子的行为是由时空中的点的轨迹来描述的，这条轨迹被称为该粒子的世界线。例如，一个静止的粒子是用一条平行于时间轴的世界线来描述的，而两个粒子的碰撞则用两条世界线的相交来表示。

闵可夫斯基的四维时空配有一种“度规”指令，用来测量两个事件之间的“距离”。这个距离的平方就是两个事件之间的时间间隔的平方（乘以 c^2）减去它们之间的空间间隔的平方。可以将这个公式与我们熟知的、度量三维空间中两点距离的度规指令进行对比：对空间坐标（x, y, z）之间的距离的平方求和，这相当于将毕达哥拉斯定理推广到三维空间中。当观察者以恒定的速度彼此相对运动时，可以在他们的参考系中使用测量杆和时钟来测量位置和时间，从而计算出这个值，并且他们会得到相同的结果。换句话说，两个事件之间的“距离”在不同的伽利略坐标系之间的洛伦兹变换下是不变的。

爱因斯坦花了一些时间才领会到闵可夫斯基的狭义相对论几何表述是一项有趣且有用的贡献。直到 1912 年左右，爱因斯坦在寻找引力的相对论时才开始确信闵可夫斯基的表述的根本重要性。闵可夫斯基对这一理论的阐述成为其后来发展的框架，并引导爱因斯坦创立了他的广义相对论。爱因斯坦在他发表于 1916 年 3 月的开创性文章《广义相对论的基础》（*The Foundation of the General Theory of Relativity*）的第一段中写道：“相对论的推广极大地受惠于闵可夫斯基的研究工作，这位数学家首先认识到空间坐标和时间坐标在形式上等价，而我在该理论的构建过程中利用了这一点。”[1]

[1] CPAE vol. 6, Doc. 30, p. 146.——原注

从狭义相对论到广义相对论

为了实现从狭义相对论向广义相对论的过渡，值得简要地讨论一下这两种理论之间的关系和对比。如果爱因斯坦没有在 1905 年提出狭义相对论，那么它很可能迟早会以这样或那样的方式被发现。实验结果要求对电动力学的各个概念有一个新的理解，基本思想已经有人在谈论了，而洛伦兹变换尽管有不同的解释，但也已经为人们所知。对于广义相对论，情况并非如此。在物理学或天文观测的议事日程上，几乎没有什么需要爱因斯坦去大胆地扩展狭义相对论。对他来说，这是一种智力上的必需，如果没有他独特的思维方式，这在当时是不可能实现的。

狭义相对论的推广一直被描述为一种将加速参考系纳入该理论的探索。这种描述是具有误导性的。牛顿力学和狭义相对论也可以从加速参考系中进行观察，但那样的话，物理定律会更加复杂。爱因斯坦努力寻找一种理论，从而使物理定律在各种加速参考系中是相同的。而在他确实发现的理论中，引力和惯性被认为是同一客体的不同方面。根据等效原理，引力与惯性力具有相同的性质，对引力的研究自然会导致非惯性参考系。因此，通常所说的广义相对论在本质上是引力与惯性的相对性理论。

从历史上看，狭义相对论和广义相对论是作为两个独立的理论发展起来和呈现出来的。目前，它们被看成同一个相对论的两个元素，区别在于是否存在引力场。这种观点在闵可夫斯基的时空描述中显得更为自然。在这种表述方式中，狭义相对论与广义相对论的区别在于底层时空的几何结构，它由时空中各点的曲率所表征。在这个单一的理论中，事件是在一个可能弯曲的时空中进行描述的，而该理论在平坦时空几何的极限下可简化为狭义相对论。

这一点在接下去的一些评注中将变得更加明显。

引力与惯性（第18~21节）

爱因斯坦在这里谈及从狭义相对论到广义相对论的过渡时，重新仔细分析了第 5 节中介绍和讨论过的狭义相对性原理，以消除狭义一词所隐含的限制，并将其扩展到与处于任何运动状态的刚体相连的坐标系。相对性总原理的一种自然的表述如下：对于描述自然定律而言，所有参考物体都是等价的，而不论它们的运动状态如何。在爱因斯坦看来，这样一种推广似乎是智力上的必需。他写道："自从引入狭义的相对性原理被证明是有道理的以来，每一个奋力想要将它广义化的有才智人士都必定感受到了向着广义的相对性原理迈进的诱惑。"尽管只有极少数"智者"确实受到诱惑而敢于迈出这一步，但他们徘徊在物理学的边缘，一直没有获得成功。爱因斯坦独自坚持不懈地凭着自己的直觉前进。这种坚持从 1907 年开始，直到他在 1915 年提出了广义相对论。

坐在火车上的人可以感觉到这样一种推广的困难之处。如果火车突然加速，那么人就会后倾或前倾。因此，物体在这种情况下的力学行为不同于伽利略坐标系中的行为。于是就可以很自然地将一个绝对的物理现实归因于加速运动。

爱因斯坦试图解决匀速运动与加速运动之间的这种明显差异，这就引导他提出了广义相对论，同时这也是引力场的相对论。场的概念是由詹姆斯·麦克斯韦在电磁学的背景下提出的。爱因斯坦在他的《自述注记》中回忆道："当我还是个学生的时候，最吸引人的课程是麦克斯韦的理论。使这一理论看起来具有革命性的是从超距作用到将场作为基本变元这一转变。"[1] 引力场有一种特殊的性质。与电场和磁场不同的是，在引力场中，任何尺寸、任何物质构成的物体只要是从静止或匀速运动状态开始，都会以相同的加速度运动。这是经典物理学的基本原理之一，是伽利略在他毕生对落体的研究中确立的。这一原理意味着一个物体的惯性质量总是等于它的引力质量，尽管从概念上来讲这两种质量是不同的。惯性质量决定了一个物体在给定的力的作用下的加速度，而引力质量则决定了给定的引力场施加在一个物体上的力。一个有质量物体的这两种性质等价，这在力学中是已知的，并且这一点的正确性在爱因斯坦时代已经有了非常精确的经验证明，只是当时还没有人去探究这种等价的意义。只有爱因斯坦把它解释为一条基本原理，并把它作为广义相对论的一块基石。

> 爱因斯坦在这本小册子的前言中指出，这本书是为"不熟悉理论物理学的数学工具"的那些读者而写的（第 20 页）。不过，他还是向读者展示了洛伦兹变换的数学表述及它的一些结果。相比之下，当他在第 19 节中论证引力场使所有物体都具有相同的加速度时，就避免了数学形式的描述。在这种情况下，可能需要更简洁的数学表达式，但他宁可用文字来表达物理概念之间的关系，也不愿使用数学符号。

[1] *Autobiographical Notes*, p. 31.——原注

爱因斯坦比其他人更认真地对待物体的惯性质量与引力质量的相等关系，并阐明了他那条著名的*等效原理*。如果有一名观察者在一个封闭的箱子里，而这个箱子处于远离所有天体的外太空之中，那么他在其近邻环境中就不会感觉到引力场。假设这个箱子以恒定的加速度“向上”运动，正如第 20 节所介绍的，那么箱子里的人完全无法确定自己在箱子里观察到的那些效应是由箱子的匀加速引起的，还是由一个向相反方向施加引力的引力场引起的。同样，火车上的乘客在火车突然加速时感到后倾，他可以设想火车是静止的，但是有一个引力场突然作用在这个系统上。

> 1922 年，爱因斯坦在京都大学做了一场题为《我如何创造了相对论》（*How I Created the Theory of Relativity*）的演讲。他在那里回忆道：“我当时正坐在伯尔尼专利局的椅子上，突然产生了一个想法：‘如果一个人自由下落，那么他肯定感觉不到自己的体重。’我吃了一惊。这个简单的想法真的给我留下了深刻的印象。在这种兴奋之情的激发下，我发展出一种新的引力理论。”[1] 爱因斯坦后来把这一顿悟称为他一生中“最快乐的想法”[2]。这个想法使他得出结论：在一些特殊的情况下，引力可以通过过渡到加速参考系而被消除，而这就引导他构想出了他的“等效原理”。

在建立起引力与惯性之间的等价关系之后，爱因斯坦回到了他对经典力学和狭义相对论的根本批判上。他和马赫一样，一直为某些参考物体具有特殊地位而备受困扰。基本物理定律相对于这些参考物体成立，

[1] Kyoto Lecture.In CPAE vol. 13 （German edition）, Doc. 399, p. 638.——原注

[2] CPAE vol. 7, Doc. 31, p. 136.——原注

而相对于其他参考物体则不成立。爱因斯坦发现尤其令人不安的是，两种物理情况可以用一个单一效应来加以区分，而对此没有任何解释。他以两个完全相同而其中只有一个冒出蒸汽的平底锅为例说明了这一困境。在这方面，牛顿考虑的是一个装满水而旋转的桶。在这个例子中出现了在静止的桶中观察不到的一些效应。这种差别也引起了牛顿的担心，但是他没有把它解释为某些特定物理因素的效应，而是将它作为绝对空间的证据。然而，爱因斯坦说："对于任何思维模式合乎逻辑的人来说，这一切都不会令人感到满意。"（第 80 页）事实上，许多思维模式合乎逻辑的人都能满足于此，但爱因斯坦不能。

加速度、时钟和杆（第22~23节）

在第 22 节和第 23 节中，爱因斯坦将他的等效原理推广到相对性的一个总原理，从而得到了一些意义深远的结果。作为他的出发点的等效原理就是下述洞见：在某种程度上，引力可以用在一个加速参考系中所发生的效应来模拟。当然，他意识到并非所有引力场都能以这种方式产生。尽管如此，这种启发式策略使爱因斯坦能够巧妙地通过结合先前获得的有关经典力学和狭义相对论的知识，甚至在明确地构想出相对论的引力理论之前就预料到这种理论的一些基本性质。事实上，这些结论是基于等效原理再综合了狭义相对论的一些结果。爱因斯坦的讲解不仅是一种教学手段，让外行读者更容易理解这个主题，而且实际上与他自己的发现路径一致。1907 年，爱因斯坦提出了等效原理，并立即从中推断出（例如）光在引力场中必定会弯曲。他后来在 1912 年意识到，一般而言，当引力场存在时，欧几里得几何就不再成立了。

爱因斯坦是这样开始他的思考过程的：首先比较两个参考系，其中一个是惯性的"伽利略"参考系，另一个是相对于前者做加速运动的参考系。根据惯性原理，如果从惯性参考系来考虑，那么不受任何力的物体将做匀速直线运动。一般而言，如果从加速参考系来考虑，这条直线就会变成一条弯曲路径。这一领悟可能看起来微不足道，但是借助于适当的数学形式体系来重新表述时，这就相当于发现了在引力场中这种不受力的运动可以用所谓的测地线来描述。于是，直线的概念就被推广到弯曲几何中的一个概念了。在这种弯曲几何中，测地线表示了两点之间最直的可能路径。爱因斯坦直到 1912 年才意识到这一点，那时他开始认识到引力问题与几何之间的联系。他在目前这本通俗的小册子中并没有提到这一数学上的领悟。

作为一种替代，他从广义的相对性原理得出了另一个具有一些直接物理结果的结论：如果从一个加速参考系来考虑，光线是弯曲的，那么它们在一个引力场中也一定是弯曲的。爱因斯坦指出，这种由引力造成的光线偏折也许能在日食期间观测到。这一预言在他的小册子出版两年以后得到了证实。他还借此机会向他的反对者们提出了批评，他们认为广义相对论与狭义相对论相矛盾：光速恒定是狭义相对论的一条基本原则，而光线弯曲似乎表明光速不可能是恒定的。爱因斯坦笼统地提出了这种批评，他以电动力学与静电学之间的关系为例，解释了一种理论如何将另一种理论作为一种极限情况纳入其中，从而对后者进行推广。要驳倒批评者的反对意见，需要仔细考虑时钟和杆在引力场中的行为。他在接下去的第 23 节中讨论了这一思考过程。

爱因斯坦在总结第 22 节时指出，引力场方程本身可以由广义相对性原理得到。虽然这一原理以可由加速运动产生的一些特殊引力场为出发点，但爱因斯坦仍然声称可以从中导出普遍定律。从 1907 年到 1915 年，他花了 8 年时间才真正发现这条定律。这不是相对性原理的一个明确结果，而是需要有一个新的理解，理解如何将经典的能量守恒和动量守恒知识以及牛顿引力定律纳入到新的理论中去，而且要求对空间和时间有一个新的理解。

第 23 节正是用于讨论这种新的理解的。爱因斯坦引入了一个心理模型，即一个被视为加速参考系的旋转圆盘。根据相对性总原理，圆盘上的观察者有权认为这个体系是静止的，但是存在着一个特殊的引力场。观察者配备有标准的时钟和杆。然而，当考虑到狭义相对论的影响时，在这个旋转参考系内使用这些测量仪器来协调空间和时间的测量是很困难的。位于旋转圆盘边缘的时钟和位于圆盘中心的时钟的走时速率不会相同，因为根据狭义相对论，它们位于彼此相对运动的两个参考系中。爱因斯坦对杆进行了同样的思维实验，从中得出了一个意义更为深远的结论：对于旋转圆盘上的观察者来说，欧几里得几何不再成立，因为标准杆的行为也取决于使用它们时的位置。

假设在相对于旋转圆盘静止的参考系中，有一位观察者使用标准杆来测量该圆盘的周长。根据狭义相对论，这些杆会相对于该观察者缩短（洛伦兹收缩），因此就需要更多的杆，于是测得的周长就大于对一个非旋转圆盘进行这样的测量时所得出的结果。与此同时，用于测量直径的杆的长度不受影响。因此，圆周与直径之比大于 π。可见，欧几里得几何不再适用于旋转体系。

在得克萨斯大学哈利·兰塞姆人文研究中心发现的德文第 10 版中，在第 23 节之后插入了一页纸，上面写着一条评注，那是爱因斯坦的继女伊尔莎·爱因斯坦（Ilse Einstein）的笔迹。伊尔莎当时担任爱因斯坦的秘书，这条评注是对旋转圆盘的讨论。她是这样写的："注意：这种解释经常被指责为是不可信的。这是因为不仅测量杆会收缩，而且圆盘也会切向收缩。这个论点并没有说服力，因为旋转的圆盘不能被看成欧几里得刚体。根据假设的原因，这样的物体在被转动时会发生碎裂。实际上，圆盘在整个思考过程中不起任何作用，而只是一个由彼此相对静止的杆所构成的体系，这个体系作为由径向和切向放置的小杆组成的一个整体而发生旋转。”[1]

早在 1912 年，爱因斯坦就使用过旋转圆盘这个思维模型来为新的引力理论需要一个新的时空框架提出正当理由。爱因斯坦在第 23 节结尾处向读者提出了一个挑战：讲到的这些都隐含着狭义相对论的时空坐标已经失去了它们的直接度量意义，那么这些暗示是否对迄今为止所取得的一切成就提出了质疑呢?

[1] CPAE vol. 6, Doc. 42, p. 419, n. 49.——原注

引力与几何（第24~27节）

接下去的 4 节内容是爱因斯坦专为他所谓的广义相对论的精确表述做准备的。他首先讨论了非欧几里得连续体存在的可能性，从而扩展了他对几何学的讨论。在非欧几里得连续体中，我们所熟悉的那些欧几里得空间中的度量过程不再起作用。然后，他提出了曲面上的高斯坐标的概念，作为解决这些困难的一种方法。接下来，他回到狭义相对论，说明了在这种情况下高斯坐标的意义。爱因斯坦的最后一步准备工作是明示这些广义坐标有助于解决引力的相对论理论中对坐标意义的挑战。

他首先讨论了欧几里得连续体。这一讨论的要点是，在这里我们可以给笛卡儿坐标赋予一个物理意义：它们标记了一个由完全相同的测量杆构成的网格中的各个交点，而这些网络覆盖了一个平面或三维空间。因此，笛卡儿坐标直接与距离测量相联系。在讨论广义相对论的非欧几里得连续体时，必须放弃坐标的这种物理意义。

爱因斯坦随后阐述了欧几里得几何的极限，但他并没有像大多数教科书中讨论非欧几里得几何在相对论中的作用时所做的那样，立即转向二维曲面的例子，比如说球面。作为替代，爱因斯坦探究了一个可以追溯到法国数学家和哲学家亨利·庞加莱（Henri Poincaré，1854—1912）的著名例子。在这个例子中，一个平坦表面（比如说一张桌面）的中间被加热，于是当测量杆用于该表面较热的地方时，它们就会膨胀。因此，这些测量杆就不能再用来创建我们熟悉的坐标网格，而通常可以将坐标网格覆盖在这样的一个平面上，以标记其各点。

因此，不谙情况地使用这些测量杆并面临这个问题的观察者就有了两个选项：要么将问题归咎于影响测量杆的某种物理过程，比如桌面被加热，要么归咎于桌面的几何形状。如果他可以使用不受加热变形影响的其他测量装置，那么这个问题就很容易解决。但是，如果所有的测量装置都有着同样的行为，那么这个问题就仍可能有不同的解释：我们是应该假设欧几里得几何仍然成立（尽管某种普遍存在的力的介入会影响所有的测量，从而无法直接证实欧几里得几何）还是应该承认非欧几里得几何的可能性。

庞加莱认为，选择用几何来描述空间的各种属性终究是约定俗成的。然而爱因斯坦的结论是，即使测量杆可能会发生变形，但它们在定义空间的几何特性方面仍然发挥着基础作用，至少只要不管什么材料的杆都将发生相同的变形。但这正是他在上一节讨论旋转参考系中的杆的行为时所遇到的情况。

在接下来的第25节中，爱因斯坦介绍了高斯坐标作为处理诸如线、面和空间这样的连续体以及处理更高维度的连续体的一般方法。他抛开数学上的考虑，专注于这些坐标的物理意义。它们的作用首先是根据所考虑连续体的维数，用数组来唯一标记各点，用两个数构成的数组标记一个面，用三个数构成的数组标记一个空间，依此类推。这些高斯坐标给出线集的各交点的坐标，而曲线集覆盖连续体的方式应使得该连续体的每一点都恰好有一个交点来表示。与我们熟悉的笛卡儿坐标相比，这些线不再必定是直线，而相邻的点仍然以它们的各坐标数之间的无穷小差值为其特征。

在笛卡儿坐标系中，两点之间的距离可以这样来求得：先构造一个直角三角形，它由该距离与这两点之间的两个坐标差构成，然后用毕达哥拉斯定理（勾股定理）计算出这一距离。在高斯坐标系中，距离与坐标差的关系更为复杂。一般情况下，相邻两点之间的无穷小距离是作为坐标微分（即无穷小坐标差）的一个函数给出的，该函数依赖它在连续体中的位置。

具体地说，这个无穷小距离的平方是对一些项求和后给出的，而这个和是毕达哥拉斯定理的推广，至少在有可能认为连续体中越来越小的部分就越来越平坦的情况下是这样的。在这个和中，有一组函数乘以坐标微分的乘积。这些函数的集合形成了该连续体的“度规”，因为它决定了坐标差与两个可以测量的点之间的实际度量距离之间的关系。如果这个连续体具有欧几里得结构，那么这个和总是可以转化为坐标微分的平方和，这样就完全得到了通常的毕达哥拉斯定理。因此，高斯坐标使我们即使在给出的连续体不是欧几里得连续体的情况下，也有可能引入坐标并将它们与相邻点之间的距离度量关联起来。

爱因斯坦在广义相对论中讨论非欧几里得连续体时，正是这样做的。这些连续体的得出，不是像卡尔·弗里德里希·高斯和伯恩哈德·黎曼那样从普通空间推广而得，而是像数学家赫尔曼·闵可夫斯基所描述的那样，从推广狭义相对论的时空连续体而产生。因此，接下去的第 26 节将继续进行前面对闵可夫斯基时空框架的讨论（参见第 17 节），以表明它可以被理解为一个欧几里得连续体，而这个连续体稍后必须加以推广。爱因斯坦从伽利略坐标系开始他的讨论，伽利略坐标系代表了经典物理学和狭义相对论的优先惯性系。在狭义相对论中，从不同参考系中观察到的事件是通过洛伦兹变换联系起来的。爱因斯坦把洛伦兹变换描述为光的传播定律在这些参考系中普遍成立的一种表达。然后，他明示了这些变换满足以下条件：四维无穷小距离在所有伽利略坐标系中都相同。因此，光速恒定可以自然地用作一个乘以时间坐标的因子，而且无穷小距离的平方可以重新写成坐标微分的平方和，与通常的毕达哥拉斯公式一致，并且与这些坐标微分本身具有直接物理意义这一概念相符。

到这一刻，爱因斯坦终于能够总结他的推理，来解释引入高斯坐标何以能克服上述困难，并允许将广义相对论的时空描述为一个非欧几里得连续体。早前他曾指出，在广义相对论中，如果存在着引力场，光速就不可能是恒定的，并且这样的引力场也使人们无法像在狭义相对论的情况下那样使用物理上有意义的坐标。他接下去提到了加热桌面的例子，因为在这种情况下不可能使用测量杆来构建欧几里得坐标网格。这个例子促使他做出断言：引力问题具有同样的性质，因此可以用同样的方法来解决，即引入高斯坐标来解决。随后爱因斯坦接着展示如何利用这些坐标来标记空间和时间中的事件，而不以假设其基础几何是欧几里得几何为先决条件。

但是，坐标被剥离了它们作为空间和时间的直接度量的意义后，自然会产生下面这个问题：它们的意义究竟是什么？这个问题与一些更为深刻的议题有关。虽然爱因斯坦在这本通俗的小册子中没有提及这些议题，但在转向阐述相对论的一般原理之前，在最后准备的一节中，这些议题塑造了他对这个问题的答案。事实上，爱因斯坦是在1915年完成他的理论的。在此之前，他已经建立起一种初步形式，其特征是对可容许坐标有一个限定的选择。他曾试图用一种论证方式来证明这个理论，这一论证方式后来被称为“空穴论证”，即假设连续体中的单个点可以被标记，并可以赋予一个不依赖与它们相关的物理事件的意义。在抛弃了最初的形式并完成了广义相对论之后，爱因斯坦学会了如何抛弃空穴论证。这很可能是在他与哲学家莫里茨·施立克（Moritz Schlick）讨论后做到的。特别是他认识到，空间和时间中的事件只能通过真实物理过程的重合来确定，例如两个粒子的相遇表示为时空中的两条描述粒子运动的线相交。从那时起，他就如他在这本通俗的小册子中所做的那样，坚持认为时空巧合的意义以及用高斯坐标来描述时空重合是“我们在物理陈述中所遇到的唯一具有时空性质的实际证据”。（第 99 页）

引力与广义相对论（第28~29节）

爱因斯坦在这本小册子的最后两节中重新阐述了相对性总原理，并提出在此基础上解决引力问题。早期表述中使用的是刚体，现在由高斯坐标系所取代，这是因为具有欧几里得性质的刚体一般而言不再可用。为了给这些高斯坐标系赋予一个直观的物理意义，爱因斯坦引入了"参考软体动物"这一概念，它被设想为一个做任意运动的非刚体，它的每一点上都装有时钟。他给出了广义相对性总原理的以下 3 个表述。

（1）所有高斯坐标系在表述普遍自然定律时都是等价的。

（2）在高斯坐标的任意变换下，表示这些定律的方程转化为具有相同形式的方程。

（3）自然定律独立于选定用来表述它们的"参考软体动物"。

事实表明，牛顿引力理论也可能以这样一种独立于坐标的方式表述出来，因此，爱因斯坦对于推广相对性原理的探求能否使他的广义相对论脱颖而出，这是有争议的。但这种理论不仅在这样表述时更为自然，而且具有与背景无关的特点，即它的几何结构服从动力学定律。因此，在一般情况下不存在像经典物理中的惯性系那样的优先坐标系，它们是其时空连续体的特定对称性的表现。在任何情况下，爱因斯坦的相对性总原理认为应将引力与惯性视为同一个基本客体的两个方面。根据观察者的不同运动状态，这个客体的表现可能不同，但遵循相同的定律。正是这种洞察及其依据高斯几何的表述，成为了由广义相对论提出的新引力理论的基础。

通过在一个做任意运动的参考系中来考虑一些物理效应，确实可以对这个一般化的引力场的性质有一个基本的深入认识。在最后的第 29 节中，爱因斯坦基于等价原理考虑这些效应，将它们推广并用高斯坐标系重新进行表述。他再次从一个不存在引力场的伽利略参考系开始，然后处理借助狭义相对论变换成加速参考系后观察到的那些引力场，而狭义相对论解释了杆、时钟和质点在这些特殊场中的行为。现在的关键是要假设这样发现的定律也适用于更一般的引力场。例如，人们立即发现自由粒子在引力场中的运动定律可以用测地线（它代表将惯性运动推广到一个弯曲时空框架之中）来描述。这一过程反映了爱因斯坦自己的历史轨迹，这条轨迹在 1912 年首次引导他为一个任意引力场中的物理过程建立了这一理论和其他深入见解。

接下来的问题是要找到支配引力场本身的定律。爱因斯坦又花了 3 年时间才找到它们，但他的这本通俗小册子的论述几乎没有反映出寻找表述广义相对论场方程的艰难曲折的道路。为了使小册子保持在让非专业读者也能理解的水平上，爱因斯坦避免去描述引力场的场方程，也没有试图去解释时空曲率和测地线的概念（它定义了粒子在引力场中的运动轨迹）。相比之下，他在处理狭义相对论时却给出了洛伦兹变换的明确数学形式，并在附录中明示了其推导过程。这里，爱因斯坦单单强调了导出场方程的指导原则。

其中的第一步是要刻画一种特殊情况下的引力场的特性。这种特殊引力场是以一种不依赖参考系的方式由加速运动产生的。这种特殊情况对应于不存在物质源的引力场的情况。可以通过施加以下 3 个条件找到存在这种源的更一般情况。

（1）场方程也必须满足相对性总原理。

（2）作为引力场的源的物质必须由其所含能量来表示。

（3）场方程必须满足能量和动量守恒定理。

实际上，在爱因斯坦寻找引力场方程的 3 年期间，引导他进行探索的就是以上这些条件，再加上另一个条件，即广义的理论应该把人们熟悉的牛顿理论作为一种极限情况包括在内。

在简要提及如何为引力场中的任何物理过程寻求其定律（如电磁学定律）之后，爱因斯坦最后简要地讨论了广义相对论的成就。他首先赞扬了它的美和比经典力学优越的地方，然后转向讨论该理论在解释“天文学中的一个令经典力学无能为力的观测结果”方面取得的巨大成功（第 105 页）。他在这里指的是天文学家观察到的水星近日点运动。这构成了经典天体力学中的一个众所周知而又多少有些神秘的难题。

对这一运动的解释在广义相对论的发展过程中起到了重要作用。1907 年 12 月，当爱因斯坦正在向着相对论引力理论迈出最初几步时，甚至在他还没有找到任何一种理论之前，他就已经意识到这种理论可以为这个长期存在的问题提供一个解答。他在给朋友康拉德·哈比希特的信中写道：“目前，我正在对引力定律做相对论性的分析，我希望借此来解释至今仍无法解释的水星近日点长期变化。”[1]

[1] Einstein to Conrad Habicht, December 24, 1907, CPAE vol. 5, Doc. 69, p. 47.——原注

爱因斯坦还提到了从这个理论中可以推演出的另外两种现象——引力场中的光线偏折和引力红移。在他撰写这本小册子的时候，只有水星近日点运动是已知的。因此，他在这里只讨论了这种现象。1919 年，当光的引力弯曲得到证实后，爱因斯坦又在小册子里增加了一个附录（附录 3），在其中详细论述广义相对论的 3 个经典检验。

谈及光的引力弯曲和引力红移时，德文第 1 版的最后一句话是："我毫不怀疑该理论的这些结果将得到证实。"在这里的英语重印版中，这句话是："广义相对论的这两个推绎都已得到了证实。"（第 106 页）当时关于引力红移的这一说法还为时过早。我们将在对附录 3 的评注中再回来讨论这一点。

宇宙学的挑战（第30~32节及附录4）

爱因斯坦在他的小册子中对宇宙学的论述是在 1918 年加入的。在该论述所反映的这个时期中，宇宙学仍然是一个靠推测的领域，或者更确切地说，是对各物理理论的结果做一些外推，从而得以探索其一致性的这样一个领域。爱因斯坦在完成广义相对论之后，立即意识到它与作为一个整体的宇宙有关。尽管当时还没有任何现代的观测结果，但是广义相对论强加了一些数学上的约束，可以用来检验宇宙的结构。爱因斯坦对这一主题的讨论可以看作现代宇宙学的起始。

在论述这一主题的第 30 节中，爱因斯坦重新谈到了德国天文学家雨果 · 冯 · 西利格（Hugo von Seeliger，1849—1924）对牛顿理论的宇宙学含义的思考。西利格证明牛顿定律导致了一种令人相当不满意的宇宙图景。结果表明，这种宇宙图景与无限宇宙中充满恒星的直观图景是不相容的。恒星在大尺度上是处处均匀分布的。

在第 31 节中，爱因斯坦回到了关于世界构成的另一种推测思路上，其中用到了伯恩哈德 · 黎曼、赫尔曼 · 亥姆霍兹（Hermann Helmholtz，1821—1894）和庞加莱曾讨论过的非欧几里得几何。他比较详细地探究了一个没有边界的有限世界的情况：他用生活在球体表面上的二维生物来说明，然后把它扩展到三维空间。这样一个“有限”而“无界”的宇宙不仅可以解决西利格提出的问题，而且可望最终就惯性效应为爱因斯坦提供一个令人满意的解释。这个解释是根据他在阅读恩斯特·马赫的著作[1]时的一个心得而得出的。他推想这些效应是由于存在遥远的质量而产生的。

在这本小册子的最后一节——第32节中，爱因斯坦介绍了静态宇宙。静态宇宙首先出现在爱因斯坦在1917年发表的论文《广义相对论中的宇宙学考虑》（*Cosmological Considerations in the General Theory of Relativity*）[2]中。爱因斯坦的静态宇宙这一看似自然的假设似乎满足了他的希望——将惯性（在马赫所说的意义上）解释为充满这样一个宇宙的众恒星之间的相互作用。然而，爱因斯坦的原始场方程不包括任何表示静态的、质量均匀分布的空间的解。为了解决这个问题，他引入了一个新的常数，叫作宇宙学常数。它在本质上代表了一个在大尺度上起作用的小斥力。在爱因斯坦的模型中，非零的物质密度与世界的半径直接相关。

在1946年出版的英语第14版中，爱因斯坦给他的小册子增加了一个论述宇宙膨胀的附录（附录4），作为对第32节的补充。其中，他提到数学家亚历山大·弗里德曼（Alexander Friedmann，1888—1925）在1922年得出的广义相对论场方程的动力学解，以及天文学家埃德温·哈勃在1929年发现的遥远星系的多普勒红移。后者表明星系正在远离我

[1] Mach, Ernst. *The Science of Mechanics: A Critical and Historical Account of Its Development*（Lasalle, IL: Open Court, 1960）.——原注

[2] CPAE vol. 6, Doc. 43, pp. 421– 32.——原注

们，并暗示应该摒弃宇宙的静态图景，转而支持一个正在膨胀的宇宙的说法。膨胀宇宙这一学说后来促成了被称为大爆炸模型的理论。爱因斯坦对宇宙的思考以一种怀疑的口吻结束，因为在他撰写此附录的时候，按照膨胀宇宙假设，宇宙似乎比当时已知最早的天体都更为年轻。

爱因斯坦在这本小册子的第三部分和附录 4 中描述了他的整体宇宙观的演变，对此值得补充几句。如今广义相对论已被视为观测宇宙学的理论基础，但是宇宙学在广义相对论的形成过程中几乎没有发挥任何作用。认识论方面的考虑，特别是马赫对牛顿绝对空间的批判，对爱因斯坦的思维过程来说重要得多。他遵循马赫的想法，认为发生在加速参考系中的惯性效应不是作为相对于绝对空间运动的一个结果，而是缘于与远处质量的相互作用。这种想法在爱因斯坦的探索中起到了关键作用。广义相对论被认为应该可以通过这种相互作用来解释所有的惯性效应。后来人们发现这个理论并不符合这种预期时，爱因斯坦吃了一惊。正如以前提到过的，于是他在 1917 年决定修改这一理论，引入一个含有宇宙学常数的额外项。这使爱因斯坦能够系统地阐述这本书中所讨论的解答：一个静态的、封闭的、具有有限物质密度的宇宙——符合他的马赫主义期望。当弗里德曼在 1922 年发现原始场方程有一个膨胀宇宙解时，爱因斯坦最初认为它是一个计算错误而不予考虑。他甚至在意识到事实并非如此时，仍然否认这样一个解具有任何物理关联。5 年后，比利时耶稣会教士、天文学家乔治·勒梅特（Georges Lemaitre, 1894—1966）重新发现了一些宇宙膨胀解，爱因斯坦得知此事后同样不屑一顾。直到哈勃的观测支持这样一种观点时，爱因斯坦才放弃了他最初提出的静态宇宙和随之引入的宇宙学常数，而他当初引入这个常数项就是为了拯救广义相对论的马赫主义解释。

如今，对膨胀宇宙的描述又发生了另一个转折。现代观测使我们不仅能够测量到当前的膨胀率，而且能够测量自大爆炸以来膨胀率是如何随时间变化的。为了解释这些发现,广义相对论再次使用了一个宇宙学项。

理论与实验之间的关系（附录3）

爱因斯坦在本附录的一开始就讨论了科学理论的演化，这显然比基于经验观察的直接归纳过程更为复杂。他强调直觉和演绎思维在阐明构成一种理论的那些原则时所起的作用。这样的过程可能导致与经验事实相一致的不同理论。因此，重要的是要找到可以区分它们的新预言。

爱因斯坦指出，从概念上讲，虽然广义相对论和牛顿力学有着天壤之别，但是能区分它们的经验差异是细微的。这种想法现在已经发生了显著的变化，因为在宇宙学的尺度上，这两种理论的预言存在着很大的不同。然而，在爱因斯坦生活的那个时代，尽管那些直接能用观测加以证实或否定的预言的效应相当小，但是若要把广义相对论以及其他一些相对性引力理论区分开来，那么这些预言在当时就是极为重要的。

另一个值得注意的理论是芬兰理论物理学家贡纳·诺德斯特罗姆（Gunnar Nordström，1881—1923）于 1912 年发表的引力理论。诺德斯特罗姆的理论基于一个单独的标量引力势，并包含在狭义相对论中。1913 年 9 月，爱因斯坦在维也纳发表的演讲《关于引力问题的现状》（*On the Present State of the Problem of Gravitation*）中全面讨论了诺德斯特罗姆的理论。他的结论是："总而言之，我们可以说，考虑到当前的经验知识的状况，诺德斯特罗姆的标量理论（它坚持光速恒定假设）满足了对一种引力理论所能强加的所有条件。"[1] 事实上，爱因斯坦认为这是唯一可替代他自己的理论的选择。在诺德斯特罗姆的理论中，引力场不会造成光的偏折。人们希望计划在 1914 年日食期间进行的天文观测能证实这一点。尽管当时还无法进行任何观测，但在下一次日食（发生在 1919 年）之前，诺德斯特罗姆理论的缺陷就已经明确了。根据诺德斯特罗姆的理论计算出的水星近日点位移预示会出现一次逆行，而爱因斯坦的理论则预言了观测到 43 角秒的进动。

开普勒定律表明行星绕着太阳沿椭圆轨道运行，这些定律可以根据牛顿的引力理论推导出来。如果太阳系中只有一颗行星，那么其轨道的近日点位置将固定在空间中。不过，由于其他行星的影响，近日点就有一个缓慢的进动。天文学家发现，从地球上看，水星围绕太阳的轨道在 100 年内旋转 5600 角秒，即 1.56 度。这种旋转的大部分可以用其他行星施加的力来解释，但是还有 43 角秒无法解释。1859 年，法国天文学家于尔班・勒维耶发现了水星的进动。直到爱因斯坦提出广义相对论之后，解释这一现象的尝试才获得成功。勒维耶是报告水星绕太阳轨道的缓慢进动不能完全用牛顿力学和已知行星的扰动来解释的第一人。

爱因斯坦从 1911 年开始研究广义相对论的观测结果。他预言了两个可能为该理论提供决定性检验的效应，其中的第一个是光在引力场中会发生偏折。1913 年，他写信给天文学家乔治・黑尔（George Hale,

[1] CPAE vol. 4, Doc. 17, p. 207.——原注

1868—1938），请他就测量太阳边缘附近光线偏折的可能性提供建议。[1]黑尔的回答是，只有在日食期间才有可能探测到这种效应。[2]1914 年，第一次世界大战爆发后，一支德国探险队计划在乌克兰的一次日食期间观测这种效应，但探险队被俄国当局拘留了一小段时间，以致错过了这次日食。

1919 年，天文学家亚瑟·爱丁顿率领的一支英国探险队在日食期间进行的天文观测证实了爱因斯坦的预言。爱因斯坦一夜之间成了世界名人。从牛顿的光的粒子理论中曾推导出引力会导致光线弯曲，但在光的波动理论取得胜利后，这就渐渐被遗忘了。牛顿理论所预言的偏折角比爱因斯坦理论得出的值小一半。所以，这一现象本身以及测量出的角度导致 1919 年 11 月 7 日《泰晤士报》（*Times*）刊登了三行通栏大字标题“科学革命——宇宙新理论——牛顿思想被颠覆”。

爱因斯坦预言的第二个效应是光的颜色在引力场中的变化，即所谓的引力红移。这是一个大质量物体附近时钟走时减慢的结果。一个发光的原子可以被视为一个时钟。在引力场中，这种“原子钟”变慢意味着与原子中的电子运动相关的振荡频率会降低，因此所发出的光的频率也会降低。较低频率的光的“颜色”向光谱的红端移动。

当爱因斯坦写这篇附录时，这种现象的经验证据还是非决定性的。他说，如果这个预言不能得到证实，“那么广义相对论就站不住脚”（第 132 页）。在英文版中，英译者在同一页的脚注中说，这种现象“已由

[1] Einstein to George Hale, October 14, 1913, CPAE vol. 5, Doc. 477, pp. 356– 357.——原注

[2] George Hale to Albert Einstein, November 8, 1913, CPAE vol. 5, Doc. 483, p. 361.——原注

亚当斯在 1924 年通过对天狼星致密伴星的观测而被明确证实了”。事实上，这个结论还为时过早，这种红移直到 20 世纪 50 年代末才得到明确的证实。当时 R. V. 庞德（R. V. Pound）和 G. A. 雷布卡（G. A. Rebka）将钴的一种特定同位素分别从一座高 22.5 米的塔的底部和顶部发出的光的频率进行比较。他们测量到的频移相当于塔底的时钟在 3000 万年里慢大约 1 秒。这个实验标志着检验广义相对论的高精度测量时代的开始。目前，在全球定位系统（Global Positioning System，GPS）的计时过程中，必须考虑到引力对时钟走时的影响。

空间概念的转变（附录5）

1954 年，爱因斯坦的这本著作的德文第 16 版和英文第 15 版（这是他生前的最后一个版本）中增加了第 5 篇附录。爱因斯坦在注明日期为 1952 年 6 月 9 日的那篇序言中写道："我希望说明的是，时空不必是我们能把不依赖物理现实的实际对象的独立存在归属于它的某种东西。虽然物理对象不是在空间中，但这些对象在物理上是扩展的。这样，'空的空间'这个概念就失去了意义。"在这篇附录中，他回顾了空间概念从物理直觉到广义相对论含义的演变过程。与此同时，他简要总结了他自己对一个物理学关键概念的思考，这个概念在他有生之年始终困扰着他。

他的核心问题是关于空间的物理现实。他的结论是，引入场的概念使我们有可能不再将空间设想为一个先于物理事件存在的舞台，而是将其设想为用一个场来描述的物理现实的一个动态部分。这篇文章与爱因斯坦的《自述注记》有着惊人的相似之处。在它的成文过程中，爱因斯坦显然时刻在考虑物理学的未来发展。可以将它视为爱因斯坦关于空间概念的认识论遗产。

另外 4 篇附录都是对正文中某些问题或章节的补充。这个目的甚至在其中 3 篇附录的标题中已明确说明。不过，只有这篇附录作为一篇独立的文章。此文在空间概念发展的背景下回顾了从经典物理学到狭义相对论和广义相对论的各种观念。在爱因斯坦的这本小册子出版 35 年后，他可能意识到这本书的受欢迎程度丝毫不减，于是决定将这篇附录收入其中。

空间概念：科学出现之前的、欧几里得的、笛卡儿的、牛顿的

爱因斯坦的出发点是一个值得注意的事实，即加速度的概念在牛顿运动定律中发挥着根本性的作用。牛顿运动定律似乎不仅将物理现实归因于空间，还将其归属于物理现实的运动状态。然后，爱因斯坦引用勒内·笛卡儿的哲学见解来解释他对此的不安。笛卡儿认为，空的空间是不可能存在的，因为延展必定总是与物体有关。这种见解乍看起来似乎有些奇怪，但正如爱因斯坦所言，广义相对论在某种意义上改善了这一点。然后，他追寻空间概念的心理起源，并且他在一个容器或箱子的心理模型中找到了它：可以根据欧几里得几何定律将对象放入其中。因此，这就是现实世界中的各种经历的一个表达，而不是先验给定的。虽然箱子模型也许在直觉上是合理的，但是要在物理学中利用它来处理运动，那么就有必要通过引入惯性参考系的概念来扩展这个模型。由于惯性参考系对应于无穷多个这样的彼此相对运动的空间，因此这一概念在直觉上就不再明显。

爱因斯坦接下来转向时间的心理起源，在感觉经历和记忆之间的区别中找到了它，并将其归因于理性的有序干预。通过将其他人对同一事件做出反应的经历包括进来，就可以将这种主观时间概念扩展到一种客观概念，而这一事件只有通过他们的经历分享才具有客观事件的意义。爱因斯坦强调，经历的时间顺序并不意味着就是这些客观事件的时间顺序，若要确立这些客观事件的时间顺序，则还需要考虑到它们的空间位置。

空间的概念具有复杂的体系结构，具有包括放置构成一个基本层次的客体的经历。正如爱因斯坦所强调的，更基本的是客体本身的概念。他的目标是阐明诸如空间、时间、事件和物质客体等概念的经验方面，从而在必要时能够调整它们以适应新的经历。当然，正是这种必要性导致了爱因斯坦的相对论革命对经典概念的颠覆。他认为大卫·休谟和恩斯特·马赫在开创对基本概念进行这样的一种批判性反思方面发挥了积极作用。前文讲到爱因斯坦向狭义相对论迈出关键的各步时，曾提到过这一作用。

然后，爱因斯坦谨慎地讲述了从科学出现之前的概念到由此产生的科学概念的转变。他再次强调了经历在塑造这些概念时的作用，特别是欧几里得几何对刚体放置的经历的依赖性。这引导他回到了他以前在直观物理学背景下研究过的物体概念。然而，在科学层面上，不能把物体孤立于物理学的其他部分而予以考虑，而物理学又转而依赖几何学。爱因斯坦由此得出的结论是，由于这种相互依存，因此几何的经验内容只能在整个物理学的背景下确定。这种制约在微观物理学中尤其明显，因为在这种情况下直接的空间测量是不可能的。尽管存在着这些困难，但空间概念与其直观的基础以及它在所有科学中的重要作用似乎是不可或缺的。正如爱因斯坦所指出的，只有马赫曾尝试用质点之间所有距离的集合来代替空间，以寻找一种可替代牛顿用绝对空间对惯性做出解释的方法。

场的概念及其从力学根源上的解放

在下一步中，爱因斯坦回顾了场的概念的起源及其对空间理解的影响。他首先提醒读者，空间和时间在经典物理学中发挥着双重作用：既是物理事件发生的舞台，又是解释物理事件的惯性系集。在经典物理学中，空间和时间不依赖物质，物质被认为基本上是由质点构成的，而质点的运动是所有物理过程的基础。即使这些质点消失了，空间和时间也仍然存在。

以上观念由于引入了场的概念而逐渐被削弱。场的概念最初用于当物体可以作为连续体来处理，而使得它的某些性质能用空间和时间的函数来表示时的某些情况。但是，当结果证明这样的一种描述也是把光描述为一种波动现象时，就出现了一种矛盾，因为这就意味着必须存在着一种无所不在的假想介质（以太），它携带着这些光波及其对应的场。随着法拉第和麦克斯韦对电磁学定律的系统阐述以及对光波是电磁波的认识，场的概念的基本作用变得更加清晰。爱因斯坦发现，场的概念从其物质基础上被逐步解放出来，在心理上是最值得注意的。他还强调了这样一个事实：一个最初诞生于经典力学中的概念最终超越了它的框架，其自身成为一个原理性的概念，而无需以太的支持。

然而，把场的概念从它的力学根源中解放出来并不是一个顺利的过程，因为这意味着要打破一个在经典物理学背景下看似不言自明的概念，即凡是有波的地方就必定有载波的介质。在这一突破之前，人们曾多次尝试探究这一概念的种种结果，特别是这一假想介质的性质和运动状态。这种探究最终导致荷兰物理学家洛伦兹提出了一种电磁理论。在该理论中，未能实际探测到相对于假想以太的运动与把以太作为电磁场的载体又一致起来了。从表面上看，对于以太应该存在并保持静止而相对于以太的运动应该无法探测到这一难题，这一理论似乎是一种令人满意的解决办法（见第 16 节及相关的评注）。

不过，当年轻的爱因斯坦尽力解决这个难题时，他避免让自己的视野仅局限于物理学的一个小领域内，而是试图考虑它的整个概念基础。事实上，从力学的视角来看，洛伦兹的解是似是而非的。以太处于静止状态的假设与力学中认为不存在处于绝对静止状态的优先参考系的观点相抵触，而根据相对性原理，物理定律在所有惯性系中都应该是相同的。无法探测到相对于以太的运动（这一点得到了一些实验的证实，而可以通过一定的努力用洛伦兹的理论来解释这些实验），这是符合相对性原理的，但相对性原理并不是洛伦兹理论的组成部分。因此，从力学的视角来看，该电磁理论所描述的实验与它的概念基础是不匹配的。

狭义相对论中的空间、时间和场

爱因斯坦在 1905 年提出的狭义相对论恰好为这一冲突提供了一种解决方法。他最初的论文《论运动物体的电动力学》清楚地表明，他在处理的是电磁学和力学之间的一个边缘问题。这篇论文的大约一半篇幅在论述物体运动的运动学，爱因斯坦既保留了电磁学的关键见解，又保留了力学的关键见解，从而得到了他的解决方法。从麦克斯韦－洛伦兹电磁理论中，他获取了真空中光速恒定的原理，而从经典力学中，他保留了相对性原理，并将其推广到电磁现象中去。

不过，在对空间和时间概念的经典理解的背景下，这两条原理不能得到调和一致。这就激励了年轻的爱因斯坦鉴于本附录中先前讨论过的认识论考虑来深思这些概念的本质。在这一更深的概念层次上，需要进行修改——引入新的同时概念，并为彼此相对运动的惯性系中空间和时间测量之间的关系引入一种新的变换律。爱因斯坦不必去发现这种新的变换律——他可以从洛伦兹的理论中获得。洛伦兹的理论已引入时空变换作为辅助手段，来对付无法探测到相对于以太的运动这个问题。狭义相对论形成的基础，在很大程度上是使用早期理论的技术框架，来作为一种引入新的基本概念的结构。

爱因斯坦在简要回顾了狭义相对论的创建过程之后，又回到了空间问题。他谈到了一个流行的观点，即相对论据称揭示了世界的四维特性。他明确指出用三个空间坐标和一个时间坐标来描述事件已经是经典物理学的一部分。在这一点上，虽然他没有明确地引入闵可夫斯基的四维框架，但是强调了相对论中的时空连续体证实在关于空间和时间的可分性这一点上是不寻常的。在这里，时空连续体不能再客观地细分为包含所有同时事件的子集，因为同时的概念依赖所选择的参考系。他以探究狭义相对论对以太这一概念的存在意味着什么来结束这一节的讨论。由于该理论已确立了所有惯性系的等效性，因此静止的以太是不可能存在的。更进一步的结果是，场的概念摆脱了任何物质载体。

在根据广义相对论来讨论空间概念之前的最后一步，爱因斯坦回顾了狭义相对论的时空与经典物理学的空间之间的共性。在这两种情况下，惯性参考系都扮演着一个优先角色，并且在这两种情况下，惯性参考系都构成了物理事件的独立舞台，即使在所有物质和场都消失的情况下仍然存在。由于在闵可夫斯基的时空中，物理事件和过程可以被描述为四维几何中的实体，因此物理现实更自然地被认为是存在而不是成为。例如，一个粒子的生命历程是一条线，而不是一个流动的过程。闵可夫斯基的四维时空是一个独立于发生在其中的物理现象而存在的框架。因此，狭义相对论中的时空概念并不遵守笛卡儿关于空间的观念——笛卡儿认为空间不能独立于物质而存在。

爱因斯坦详尽地考察了空间概念的演化，从物理直觉经由经典力学到闵可夫斯基的时空，从而提出了物质在空间概念中的首要地位的问题，作为长期存在的概念史的一个成果，因此营造出了紧张气氛。1907 年，当他开始研究广义相对论时，本质上也是出于同样的关切：马赫用质量相互作用来解释惯性的想法能否让人们抛弃牛顿的绝对空间概念。不过，尽管广义相对论取得了成功，但爱因斯坦仍然必须认识到这个计划有它的困难，特别是因为广义相对论也顾及即使在没有物质的情况下也会出现惯性效应。他现在用以场概念的首要地位为中心的观点来应对同样的挑战。

广义相对论中的空间概念

爱因斯坦提出广义相对论的探索法的出发点是等效原理，它将一个惯性系与相对于这个惯性系做匀加速运动的参考系联系起来。如果在另一个参考系中存在一个平衡了加速度的均匀引力场，那么这两个参考系就可以被认为是同样有效的。在一个加速参考系中，所有的质量显然都以相同的加速度下落，而与它们的构成无关，因此这里惯性质量和引力质量相等就自动得到了保证。如果把这个等价原理推广到任意相对运动，那么惯性系就失去了它们的优先地位。因此，一种基于等效原理的理论就会把惯性和引力结合在一个框架内，并自然地包含了惯性质量和引力质量的相等。

爱因斯坦接下来要解决的问题是空间和时间坐标的（推广了洛伦兹变换的）可容许变换的性质和范围。惯性系的特征是坐标与空间和时间的测量之间有一个简单而直接的关系。正如第 10 节的评注中讨论过的，在变换到加速参考系时，这种关系就丢失了。不过，一旦这种关系消失，假设所有可能的连续时空变换都是正当的就变得很自然了，因为坐标不再必须表示空间的度量属性，也就是说它们不再与距离的度量直接相关。根据爱因斯坦的观点，这个结果蕴含着相对性总原理，并且蕴含着自然定律在这样的任意坐标变换下应该满足保持不变的要求（更准确地说是应该保持协变）。爱因斯坦声称，这个要求再加上逻辑上简单的要求，比狭义相对论更严格地限制了可采纳的定律。接下来，他还概略地叙述了能从这些一般考虑中推导出广义相对论场方程的路径。这条路径与爱因斯坦最初的、艰辛的广义相对论之路并不相同，而是在很大程度上反映了他后来的信念，即物理理论可以通过要求逻辑上和数学上的简单性准则而被发现。特别值得注意的是，爱因斯坦显然确信，一旦看到场作为一个独立或不可或缺的概念的性质，通往广义相对论之路就会清晰地展现在眼前了。

这种考虑也构成了他的短文的结论的基础，这篇短文解释了向广义相对论的过渡如何改变了空间的概念。空间不再是一种不依赖其中填充了什么的“特殊”存在。空间——或者更准确地说是时空——是借助于一个被称为度规的数学概念来描述的，而度规决定了坐标与距离度量之间的关系。爱因斯坦此时认为这个概念同时代表了一个场。这一描述作为一种特殊情况，还包括了狭义相对论的闵可夫斯基时空。这是度规的一种特别简单的情况。如果这个“场”被移除，那么什么也不会留下，甚至空间也不会留下。当然，只有当在这样的一个时空中发生的惯性力被认为是广义引力场的结果时，这个论点才有可能成立。这种推理基于度规的双重性质，它既刻画了引力场的特性，同时也刻画了空间几何的特性。对爱因斯坦来说，这种双重性质转而又是场的概念与广义相对论相结合的结果。因此，这种双重性质导致了以下结论 :“时空并不是仅凭自己就具有存在性的，而只是作为场的一种结构性质而存在的”，笛卡儿思想的现代解释是“‘没有场’的空间是不存在的”。（第 150 页）最后一句话出现在英文版中，但在德文版中没有。不过，这一观点在两个版本的前言中都有明确的表述。这就完成了爱因斯坦将物质和空间这两个概念统一起来的目标。他很高兴地承认，伟大的思想家勒内·笛卡儿是这一探索的先驱者。

爱因斯坦以两条关于当代物理学状态的评论来结束他的这篇短文，其中第一条是关于他自己创建统一场论的尝试的评论，第二条是关于他已产生怀疑的量子理论基础的评论。爱因斯坦将广义相对论所取得的成功解释为由于求索引入场的概念所产生的深远影响。这使他联想到其他物理力也可以被纳入这个框架，从而将它们视为引力场定律的一种推广。不过，正如他所指出的，闵可夫斯基时空的特殊情况为寻找广义相对论所提供的那种自然的起点，在这种推广中还没有。然而，即使是在这篇通俗的论述中，爱因斯坦也简要地指出了他逐渐意识到可行的这种广义场论的形式。这篇短文以同样简洁的批评结束，这与其说是对量子理论本身的批评，不如说是对当代大多数物理学家的信念的批评，他们认为物理上的真实不再能用场来描述，而只能用统计测量的结果来描述。与此相反，爱因斯坦则坚信应该进一步探究由场的概念所指明的道路。

这些结束语与我们的建议是一致的，我们建议将这一章视为爱因斯坦关于空间概念在认识论上的遗产。

外文版的历史与概况

爱因斯坦的这本小册子在德国获得成功之后，在其他国家也获得了类似的空前成功，并在很短的时间内被翻译成多种语言。爱因斯坦亲自参与了这个过程，在大多数情况下是通过他的德国出版公司菲韦格进行的，而在其他情况下则是直接与外国的出版商打交道。他核准翻译方案，与译者通信，并商讨他们的和他自己的稿酬比例。

第一个英文译本于1920年出版，随后是法文译本（1921年）、意大利文译本（1921年）、日文译本（1921年）、波兰文译本（1921年）、俄文译本（1921年）、西班牙文译本（1921年）、匈牙利文译本（1921年）、中文译本（1922年）、捷克文译本（1923年）和希伯来文译本（1928年）。这些译本中有一些很快就出版了新版本。1921年，也有人征询关于将这本小册子翻译成克罗地亚文、拉脱维亚文、爱沙尼亚文、乌克兰文和意第绪文的事宜，但最终没有实现。爱因斯坦还曾允许菲韦格出版公司用盲文出版这本小册子，但目前还不清楚是否确实出版。

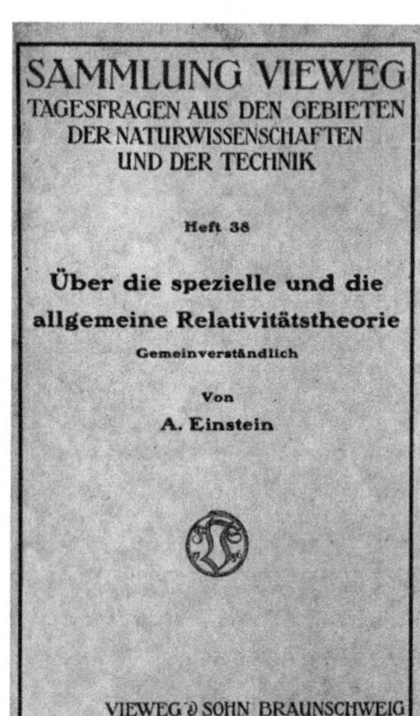

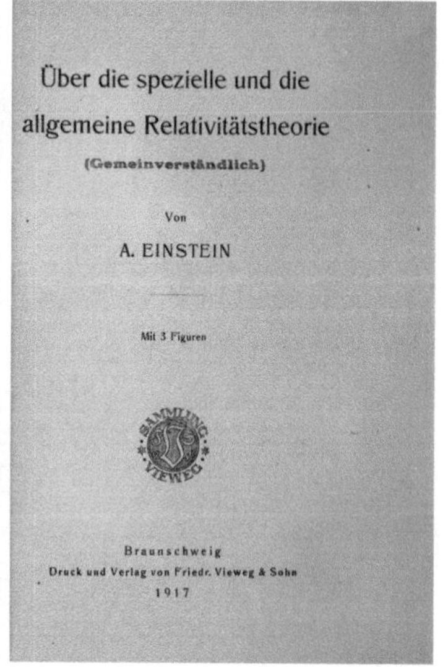

从 20 世纪 50 年代起，出现了许多其他外文版本：阿拉伯文、亚美尼亚文、保加利亚文、克罗地亚文、荷兰文、希腊文、匈牙利文、冰岛文、挪威文、葡萄牙文、罗马尼亚文、塞尔维亚文、瑞典文和土耳其文。

我们将讨论 20 世纪 20 年代的一些外文版本，并指出它们在相对论的传播及其在各个国家的大众理解中所起的作用。[1]

[1] 关于对爱因斯坦的相对论的接受，相关著作列表在“进一步阅读”部分中给出。——原注

英文译本

1919 年 11 月 7 日，伦敦《泰晤士报》以轰动性头条“科学革命——宇宙新理论——牛顿思想被颠覆”宣布了广义相对论的预言之一——光在太阳的引力场中发生弯曲——得到证实。大约两周后，英国谢菲尔德大学的物理学讲师罗伯特 · W. 劳森（Robert W. Lawson）给爱因斯坦写信，建议他在《自然》(*Nature*) 杂志上发表一篇关于相对论和引力的文章，而劳森自己会将其翻译成英语。文章必须简短（约 3000 个单词），而且不懂数学的读者也能理解。劳森就观测到光的引力弯曲向爱因斯坦表示祝贺，并告诉他几个星期以来，这一直是人们谈论的唯一话题。

爱因斯坦最初同意写这篇文章，但后来判定他已写的东西不适合发表在《自然》杂志上。与此同时，劳森提议翻译那本名为《相对论：狭义与广义理论》的小册子。他认为，对这个主题的一个普遍可以理解的阐述会非常受欢迎。劳森要求爱因斯坦为英文版写一篇专题导论，将他的肖像包括在内，附上一篇简短的作者介绍，并为该理论的经验证实撰写一篇附录。除了写一篇专题导论之外，爱因斯坦满足了所有这些要求。直到后来，他才在极少数情况下同意遵照要求撰写专题导论。至于肖像，他寄送了赫尔曼·希特克的那幅铜版蚀刻画，这幅画后来被收录在好几种外文版中。

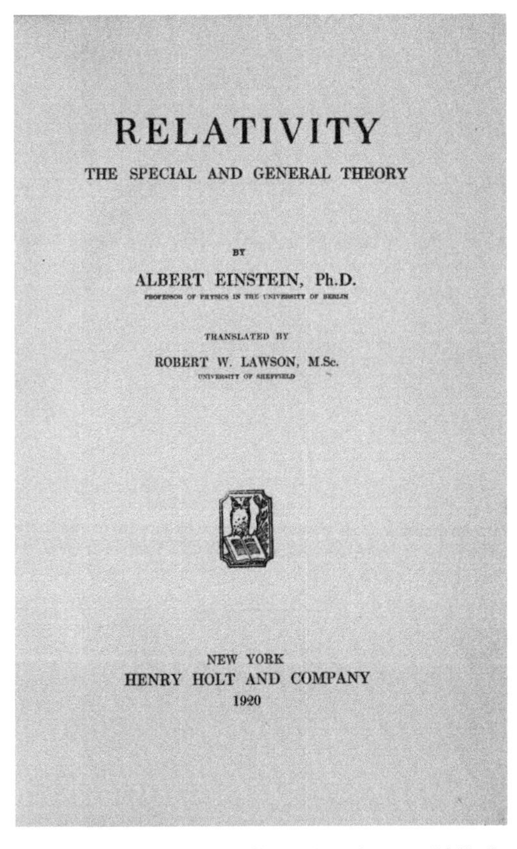

RELATIVITY

THE SPECIAL AND GENERAL THEORY

BY

ALBERT EINSTEIN, Ph.D.

PROFESSOR OF PHYSICS IN THE UNIVERSITY OF BERLIN

TRANSLATED BY

ROBERT W. LAWSON, M.Sc.

UNIVERSITY OF SHEFFIELD

NEW YORK

HENRY HOLT AND COMPANY

1920

在英文版出版之前，劳森曾写信给爱因斯坦，说他收到出版商米苏恩的一封有趣的来信，要求他在该书的宣传材料中应该“对其内容的描述要尽可能让普通人容易理解。我们的图书销售人员告诉我们，公众对相对论是什么一无所知。许多人似乎认为这本书讲的是两性关系。也许你能解释一下这个词的意思，并谈谈这本书的划时代特点，以及爱因斯坦的发现如何影响牛顿定律。大多数人都听说过牛顿和他的苹果的故事，这给我们提供了不错的提示”。[1]

这本小册子的英文译本于 1920 年 8 月在英国出版了第 1 版，接下去两年内又出版了 4 个新版。劳森的译本同时在美国发行，也取得了类似的成功。

[1] Robert Lawson to Einstein, February 22, 1920, CPAE vol. 9, Doc. 326, p. 273.——原注

法文译本

1920 年 2 月，法国著名数学家、活跃的政治家埃米尔·波莱尔（Émile Borel）的学生珍妮·罗维埃尔（Jeanne Rouvière）请求爱因斯坦允许将他的那本关于狭义与广义相对论的小册子翻译成法文。她写道，翻译将在波莱尔的指导下完成，波莱尔还将撰写一篇引言，向法国读者介绍这本小册子。爱因斯坦同意了，随后这本小册子的法文第 1 版于 1921 年面世。

在与罗维埃尔女士首次接触几个月后，爱因斯坦的朋友莫里斯·索洛文（Maurice Solovine）找到了他。爱因斯坦在伯尔尼的那些岁月（1902—1908）里，曾与朋友莫里斯·索洛文和康拉德·哈比希特组成一个读书俱乐部，他们把这个俱乐部称为“奥林匹亚学院”。他们一起阅读有关科学和哲学方面的经典文献。爱因斯坦回应说，他已经授权其他人去翻译此书了，不过仍授权索洛文将其他几部作品翻译成法文。过了一段时间，爱因斯坦收到了一些评论，指出法文译本中出现了某些错误。他的秘书指示出版商在出版下一版之前让索洛文参与必要的更正和修改。

最终，爱因斯坦要求索洛文译出一个新的法文译本，索洛文对此深表感激，也非常乐意承担这个任务。索洛文建议称其为一个新的增补版，对正文做了一些小的文字修改，并增加了爱因斯坦在 1911 年发表的一篇早期论文，内容是关于引力对光线传播的影响。他希望这样做能安抚珍妮·罗维埃尔。爱因斯坦反对将 1911 年的这篇论文纳入新版，因为其中给出的光的引力弯曲的预测角度只有正确值的一半。这一正确值是他在完成广义相对论之后首次计算出的结果。于是，索洛文建议爱因斯坦扩充第一章，叙述他在求学时期学习欧几里得几何的经历。索洛文的译本最终于 1923 年出版，没有任何重大改动，也没有任何引言。

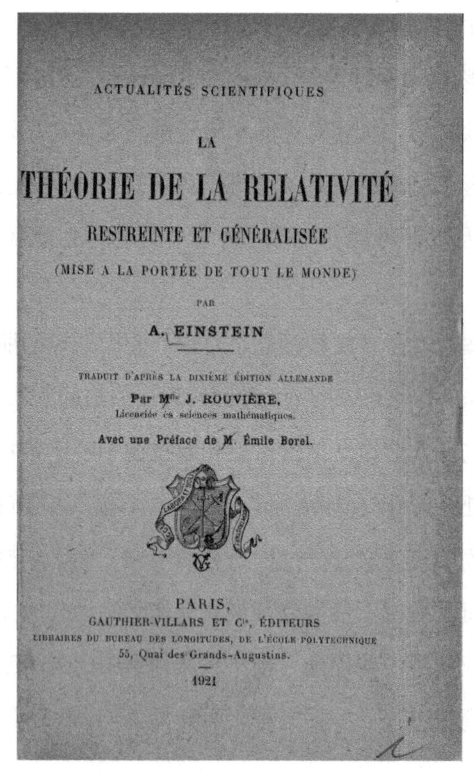
ACTUALITÉS SCIENTIFIQUES

LA

THÉORIE DE LA RELATIVITÉ

RESTREINTE ET GÉNÉRALISÉE

(MISE A LA PORTÉE DE TOUT LE MONDE)

PAR

A. EINSTEIN

TRADUIT D'APRÈS LA DIXIÈME ÉDITION ALLEMANDE

Par Mlle J. ROUVIÈRE,

Licenciée ès sciences mathématiques.

Avec une Préface de M. Émile Borel.

PARIS,

GAUTHIER-VILLARS ET Cie, ÉDITEURS

LIBRAIRES DU BUREAU DES LONGITUDES, DE L'ÉCOLE POLYTECHNIQUE

55, Quai des Grands-Augustins.

1921

相对论在法国传播的过程中的一个关键人物是物理学家保罗·朗之万（Paul Langevin），他早在1906年就接触到了爱因斯坦的著作，后来成为一位热情的支持者。1910年至1911年间，他在法兰西学院开设了一门关于相对论的课程。1922年，他邀请爱因斯坦到巴黎演讲。在那次访问之前，也就是20世纪20年代初，爱因斯坦的相对论（尤其是广义相对论）还几乎没有引起物理学家的兴趣。对这种新理论最感兴趣的是数学家、工程师和哲学家。因此，翻译爱因斯坦的小册子的倡议来自一位数学家，那就绝非巧合。

围绕新理论的讨论从怀疑到反对都有。1922年1月，在爱因斯坦访问巴黎前的两个月，法国科学院举行了一场关于相对论的辩论。法国最杰出的科学家之一埃米尔·皮卡（Émile Picard）在那次会议上声称，现在决定支持还是反对这一理论还为时过早。[1] 他对狭义相对论和广义相对论所依据的空间和时间概念表达了复杂的感情，把它们称为形而上学而不是物理学。与此同时，也有人试图反驳爱因斯坦的理论。这场辩论并不具有严格意义上的科学性，也不局限于学术圈，而是包括一部分普通公众。人们对爱因斯坦理论的态度受到当时盛行的科学形象、科学意识形态以及对德国和德国科学的政治态度的影响，而这仅仅是在第一次世界大战结束3年之后。

在爱因斯坦访问巴黎期间，人们对他以及他的理论的普遍态度发生了巨大变化。在法兰西学院的一次公开演讲之后，媒体几乎一致赞赏他清晰地阐述了自己的观点，并让观众产生了一种普遍的理解感。这次访问结束后，索洛文写信给爱因斯坦说："你在巴黎实际上付出了非同寻

[1] Biezunski, Michel. "Einstein's Reception in Paris," in *The Comparative Reception of Relativity*, ed. T. Glick （Dordrecht: D. Reidel, 1987）, 172.——原注

常的努力。但是，如果考虑到你所取得的伟大成就，你就会承认你来这里所付出的努力是值得的。你的两种理论在这里的地位现在已完全不同于以前。至于个人印象，人们认为能（亲自）认识你是非常幸运的。”[1]

波莱尔对这本小册子的介绍反映了在当时的法国科学界中爱因斯坦的思想所享有的地位，以及人们对他的理论的态度。正如德国的情况一样，该理论由于其革命性特征——挑战了空间和时间的常识性概念，因而遭到了一些公开的反对。另一位重要人物参与了法国的讨论，他就是数学家、物理学家和哲学家昂利·庞加莱。根据他的观点，一个科学公式体系原则上应有无数种不同的解释。但是人们怎么能确定爱因斯坦打破经典时空概念实际上是必要的呢？

波莱尔的引言是对这些讨论的回应。他写道：

> 这本书的译者和出版商请我把它介绍给使用法语的读者。这一点无论从哪方面来说都是不必要的，因为相对论本身的奇特及其偶尔受到的猛烈攻击，已在广大公众中引发出好奇心，而这就导致爱因斯坦的名字变得无人不晓，以至于不必担心有他署名的作品会找不到读者。一旦有了这些读者，他们很快就会被一种思维上的微妙、优雅和力量所吸引和征服。这种思维总是相当自信，从而不会顾虑有时因为采用浅显的表示而自降身份，也不会因为交替使用常识和高等数学来论证而犯愁。

接下来，波莱尔阐述了在法国的讨论中提及的一些主要反对意见。他的目标是对爱因斯坦的成就做出一个适度的评价，反驳与之相关的夸大之词。比如说，他强调相对论的实用价值非常有限：“相对论和普通

[1] Maurice Solovine to Einstein, April 27, 1922, CPAE vol. 13, Doc. 168, p. 153.——原注

力学之间的数值关系，与地球的球形和建筑艺术之间的数值关系大致相同。”他还表明自己对广义相对论所宣称的宇宙学含义持怀疑态度，将这些含义比作水滴中的微观生命试图从它们的观察中推断出有关地球以及发生在其表面的任何事情。他写道：“人们必须有效地认识到，爱因斯坦先生绝不是唯一一个屈服于这种诱惑、让自己陷入这种猜测的知识分子。”有的反对意见认为爱因斯坦的公式可能有另一种解释。反驳这种看法的是下列评论：还没有人找到一种解释，于是爱因斯坦就有了他自己的解释。爱因斯坦的解释尽管不是唯一可能的，但显然是最为方便的，这与庞加莱的立场相当一致。

意大利文译本

数学家图利奥·列维–齐维塔（Tullio Levi-Civita）建议爱因斯坦允许工程师朱塞佩·路易吉·卡利塞（Giuseppe Luigi Calisse）把这本小册子翻译成意大利文。爱因斯坦同意了，并且对列维–齐维塔答应为这个版本写一篇序言感到非常高兴。

列维–齐维塔是意大利最杰出的数学家之一，出版过大量关于纯数学和应用数学的著作。1899 年至 1900 年间，列维–齐维塔和他的导师格雷戈里奥·里奇–科巴斯特罗（Gregorio Ricci-Curbastro）写了一本论述绝对微分及其在欧几里得空间和非欧几里得空间中表达几何和物理定律的应用的基础专著。爱因斯坦和数学家马塞尔·格罗斯曼（Marcel Grossmann）后来使用并发展了这些新的数学工具来阐述广义相对论。1915 年至 1917 年间，爱因斯坦与列维–齐维塔就该理论的数学问题互通书信。

20 世纪 20 年代初，列维–齐维塔积极参与了当时在意大利举行的围绕相对论的科学上的、意识形态上的和公众的辩论。在数学家、数学物理学家和天文学家（当时意大利的任何一所大学都没有理论物理学教

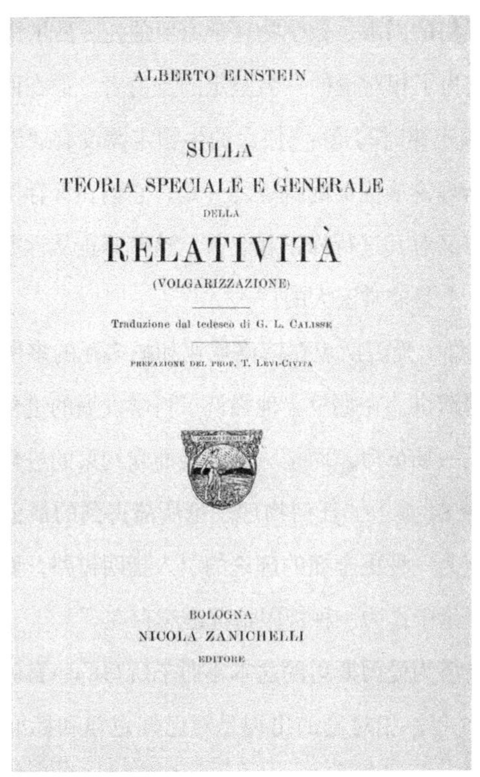

ALBERTO EINSTEIN

SULLA
TEORIA SPECIALE E GENERALE
DELLA
RELATIVITÀ
(VOLGARIZZAZIONE)

Traduzione dal tedesco di G. L. Calisse

Prefazione del Prof. T. Levi-Civita

BOLOGNA
NICOLA ZANICHELLI
EDITORE

授职位）之间争论的主要议题之一是爱因斯坦的这种新理论的革命性。对许多人来说，认为科学可能经历一场革命的观点是不可接受的。

1921 年 3 月，列维－齐维塔发表了一篇论文，题为“一个保守主义者如何达到新力学的门槛”（How a Conservative Could Reach a Threshold of the New Mechanics）。这篇论文非常有影响力，还被翻译成法文和西班牙文。论文试图表明爱因斯坦的引力理论可以由经典力学公式通过简单的数学推导出来。在证明这一点之前，列维－齐维塔指出，任何科学家都不应该对新事物感到恐惧，但研究者们必须保守，他们必须保护既定的范式，并对任何试图废除一种成功理论的努力持批判态度。

列维－齐维塔的同事、数学物理学家罗伯托·马尔科伦戈（Roberto Marcolongo）成为了相对论的一名坚定的支持者。他在回应某些天文学家呼吁拯救牛顿定律时写道："伟大的牛顿定律没有遇到任何危险……相反，这两个新理论最优美的特点之一是，它们在保存了牛顿建造的辉煌大厦的同时，又对其进行修正和改善。这些修正从性质上讲是非常微小的，而在概念上是非常宏大的。"[1]

1921 年 10 月，爱因斯坦在博洛尼亚和帕多瓦的多所大学发表了几次关于相对论的演讲。在那里，他强调了科学发展的进化观的益处。他断言相对论不是一场革命，而是一场缓慢而受约束的进化。他在这本小册子中写道（第 84 页）："任何物理理论所能得到的最公平的命运，莫过于它本身应该为一种更全面的理论的引入指明道路，而原来的理论在这种更全面的理论中作为一种极限情况继续存在。"

列维－齐维塔为爱因斯坦的这本小册子所写的序言就是本着这种精神撰写的。1905 年，相对论的出现是对已知定律和标准的明显扩展的结果。

> 由于爱因斯坦的工作，自然哲学的数学体系最近发生了一个深刻的转变。他构想的这个转变现在被普遍称为相对论，在 1905 年通过一个实验事实与一个相对性准则结合起来而拉开了序幕。两个彼此相对做匀速运动的参考系就力学定律而言具有一种众所周知的等价性，而这一准则就是将这种等价性显而易见地推广到光线传播这一朴素表象下而表现出来的。但是，通过这种结合，它变得如此影响深远、成果丰硕，以至于它得

[1] Cited in Reeves, Barbara J. "Einstein Politicized: The Early Reception of Relativity in Italy," in *The Comparative Reception of Relativity*, 197.——原注

到的认可理所当然地标志着科学史上一个新时代的开始。

同样，他还声称广义相对论是将相对性原理的扩展经过适当的数学系统阐述的结果，而不是用一条新原理去替换旧原理的结果。他说："爱因斯坦学说（所谓的广义相对论）的相继发展在 1915 年达到成熟阶段，多亏爱因斯坦系统地采用了由我们的里奇（Ricci）所创立的绝对微分方法。它仍然为相对性原理的扩展所主导。"

列维 – 齐维塔在序言的结尾处说道：

> 相对论在思辨上的重要性是如此巨大，以至于在短短的几年里就有 700 多部（篇）著作、小型出版物和文章致力于研究相对论。其中也有一些具有重大价值的作品，它们在很大程度上对于这个新词的传播做出了贡献。但不可否认的是，公众力求与其发现者建立精神上的联系。工程师卡利塞（Calisse）正确地察觉到了这一点，他翻译了上面提到过的爱因斯坦的那本书，以确保满足我们同胞的这一自然而然的愿望。这本书以杰出和忠实的形式反映了爱因斯坦的思想。

西班牙文译本

在西班牙，就像在意大利和法国一样，数学家们对爱因斯坦的相对论最感兴趣。他们参与的一些主要辩论是围绕科学界接受爱因斯坦的相对论而展开的。牵头的是数学家雷·帕斯特（Rey Pastor），他组建了一个年轻而充满活力的团体，由从事当代数学研究的学者构成。这个团体的所有成员都曾在国外学习，其中大部分是在意大利学习。1920 年，帕斯特在德国待了几个月，其间与爱因斯坦通信，并邀请他到西班牙做一系列演讲。爱因斯坦乐于接受邀请，但他承诺只能在晚些时候访问西班牙。1923 年 2 月，他在从日本和巴勒斯坦返回柏林的途中访问了西班牙。

在 1920 年 4 月的一封信中，雷·帕斯特请求爱因斯坦允许他将这本关于狭义和广义相对论的小册子翻译成西班牙文。他写道："长期以来，西班牙数学会一直想把你的那本关于狭义和广义相对论的非常受欢迎的书翻译成西班牙文，以便让学会成员熟悉它，特别是把它作为该学会会刊的增刊出版。"[1] 他在 8 月再次提出这一要求，而爱因斯坦告诉他，他

[1] Julio Rey Pastor to Einstein, April 22, 1920, CPAE vol. 9, Doc. 391, p. 328.——原注

已经指示他的出版商授予必要的出版权。

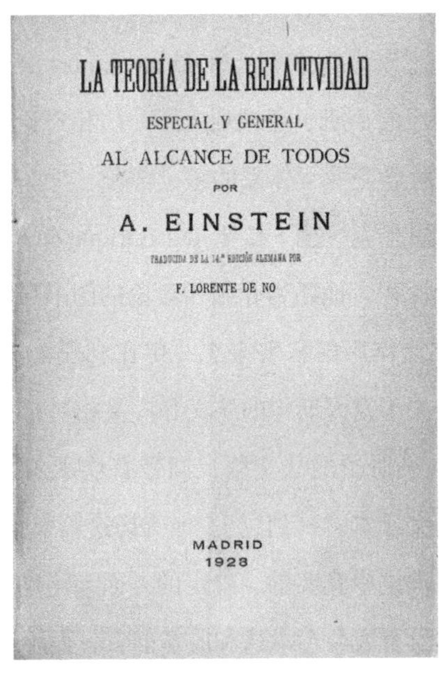

LA TEORÍA DE LA RELATIVIDAD

ESPECIAL Y GENERAL

AL ALCANCE DE TODOS

POR

A. EINSTEIN

TRADUCIDA DE LA 14.ª EDICIÓN ALEMANA POR

F. LORENTE DE NO

MADRID

1923

这本小册子的译者是洛伦特 · 德 · 诺（Lorente de Nó）。他是帕斯特的学生，曾在罗马与列维－齐维塔一起研究相对论。小册子中的一部分是以连载形式出版的。在 1921 年 9 月至 1922 年 4 月间，西班牙－阿根廷期刊《西班牙美洲数学杂志》(*Revista Matemática Hispanoamericana*) 的相继各期都用了几页篇幅刊载相对论。这个译本还于 1921 年在马德里集结成书出版，并在 1923 年再次出版。这两版都只包含爱因斯坦的文字，没有任何介绍和附加的评注。

除了数学家之外，对爱因斯坦及其理论感兴趣的其他群体还有工程师、物理学家、天文学家和其他知识分子。如此广泛而多样的兴趣引发了对该理论在不同层次上进行专业的和普及的展现的需求。爱因斯坦的小册子只是众多通俗的相对论著作之一。这些著作有的翻译自德文，有的由西班牙学者撰写。翻译自德文的其他书籍包括天文学家欧文·芬利－弗伦德利希（Erwin Finlay-Freundlich，1885—1964）和哲学家弗里德里希·阿尔伯特·莫里茨·施立克（Friedrich Albert Moritz Schlick）的相对论著作。爱因斯坦的小册子还被列入了一门相对论课程的推荐阅读书目，这门课程是工程学院课程体系的组成部分。

耶稣会数学家恩里克·德·拉斐尔（Enrique de Rafael）为工程师们开设并教授相对论课程。他还为介绍相对论的图书撰写书评，发表在耶稣会的埃布罗天文台出版的科普杂志《伊比利亚》（*Iberica*）上。这些书评中有一篇就是关于爱因斯坦的狭义和广义相对论的。实际上，德·拉斐尔评论的是这本小册子的法文版，即带有埃米尔·波莱尔的引言的那一版（在讨论法文译本时提到过）。他赞扬这篇引言具有哲学严谨性，而且它将爱因斯坦理论中真实的、确定的方面与不确定的、模糊的方面区分开来，从而“没有人会不承认和欣赏前者，而不为后者所困扰。”[1]

这篇书评中有几点值得注意。在讨论从狭义相对论到广义相对论的转变时，德·拉斐尔从所有参考系关于自然定律的等价性开始，并将其称为指导爱因斯坦取得重要发现的大胆而巧妙的想法。由于这篇书评发表在天文学家们阅读的杂志上，因此德·拉斐尔强调了该理论在解释水星近日点移动方面的成功，并且在提及引力红移时引用了爱因斯坦在附录3中评论广义相对论经验检验的最后几句话。爱因斯坦在那里说，如果这个预言不能得到证实，那么广义相对论将站不住脚。不过，如果它的正确性能够被证实，那么天文学家就会对恒星的质量有一个重要的信息来源。

[1] 恩里克·德·拉斐尔关于波莱尔所写的法文版小册子引言的评论发表在*Iberica* 15（1921）: 288。——原注

俄文译本

该书的俄文版由在德国运营的世界出版社于 1921 年出版，预期的读者是居住在俄国境外的俄罗斯人，而不是居住在俄国内的俄罗斯人。当时，大约有 40 万俄罗斯人住在柏林，有两份俄文日报是在德国出版的。爱因斯坦非常高兴地把翻译权授予了居住在柏林的俄国逻辑学家、哲学家格雷戈里乌斯·伊特尔森（Gregorius Itelson）。伊特尔森在柏林知识分子圈里享有盛名，爱因斯坦对他非常尊敬和爱戴，并授权他翻译自己的许多其他著作。爱因斯坦在给当时的情人贝蒂·诺伊曼（Betty Neumann）的一封信中对他大加赞赏。为了回应伊特尔森的要求，爱因斯坦为俄文版写了一篇特别的介绍性序言。这是他同意这样做的极少数情形之一，也是他唯一一次在其中加入了对翻译的个人评价。数年后，他声称自己写这篇简短的序言只是为了满足备受尊敬的伊特尔森的心愿。

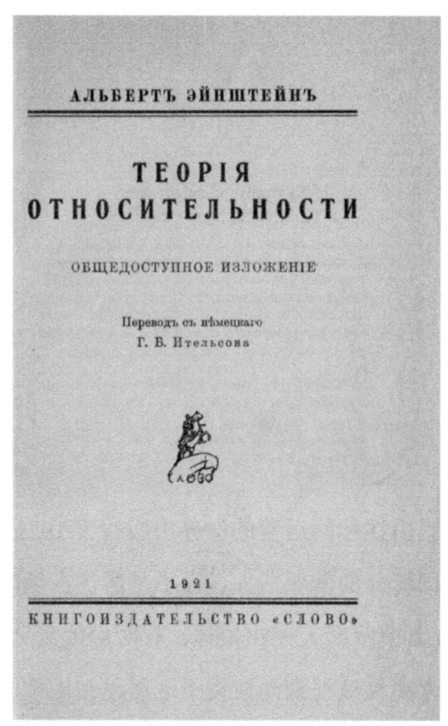

АЛЬБЕРТЪ ЭЙНШТЕЙНЪ

ТЕОРІЯ
ОТНОСИТЕЛЬНОСТИ

ОБЩЕДОСТУПНОЕ ИЗЛОЖЕНІЕ

Переводъ съ нѣмецкаго
Г. В. Ительсона

1921

КНИГОИЗДАТЕЛЬСТВО «СЛОВО»

这篇序言的内容如下：

在我们这个繁忙的时代，培养那些能让不同语言和民族的人们再次彼此亲近的东西，比以往任何时候都显得更加必要。从这一点来看，即使在目前的这种困难的条件下，促进科学工作的交流也尤为重要。我很高兴我的小册子现在将以俄文出版，我非常尊敬的伊特尔森先生肯定能提供一个出色的译本，这令我更加高兴。作者经常因为说他的小册子“人人都能明白”而备受指责。因此，俄国读者如果在理解上遇到困难，就不应该迁怒于自己或伊特尔森先生。真正该怪罪的不是别人，正是作者本人。

1926年，74岁的伊特尔森在柏林的一条大街上遭到反犹太主义者的残忍殴打。[1]他被送往医院，几天后去世。爱因斯坦参加了葬礼。伊特尔森曾希望把他的一部分宝贵的藏书送到耶路撒冷，并卖掉其中一些以资助他的养女。不久之后，爱因斯坦开始行动并实现了他的遗愿。伊特尔森的藏书确实被送往耶路撒冷，随后被收入希伯来大学图书馆。

[1] 引自Freudenthal, Gideon, and Tatiana Karachentsev. “G. Itelson: A Socratic Philosopher,” in *Otto Neurath and the Unity of Science*, ed. J. Symons, O. Pombo, and J. M. Torres （New York: Springer, 2011）, 114.——原注

中文译本

20 世纪 20 年代初，爱因斯坦与他的狭义和广义相对论在中国引起了广泛的兴趣。这种兴趣是由在日本、欧洲和美国接受过教育的年轻中国物理学家们培育起来的。这个团体中最杰出的成员之一是夏元瑮。他从耶鲁大学获得学士学位，并在柏林继续完成他的学业。他在那里遇见了爱因斯坦，并聆听了他的演讲。夏元瑮是最早在中国传播相对论的中国理论物理学家之一。他教授相对论课程，撰写报刊文章，并发表公开演讲。

夏元瑮将爱因斯坦的狭义和广义相对论小册子翻译成中文，第 1 版于 1921 年 4 月在《改造》杂志的《相对论特刊》上发表，1922 年由商务印书馆作为独立的一卷出版。它成为中国的第一部论述相对论的著作，并在中国和东南亚产生了广泛的影响。[1]1923 年至 1933 年间出现了数个新版本。夏元瑮还为其中一版加了一篇“爱因斯坦简介”。在这篇文

[1] Hu, Danian. *China and Albert Einstein: The Reception of the Physicist and His Theory in China 1917-1979*（Cambridge, MA: Harvard University Press, 2005）, 91.——原注

章中，夏元瑮除了一般性地叙述了爱因斯坦的个人和科学生涯的故事以外，还回忆道 ：“1919 年，当时我在柏林，通过马克斯 · 普朗克（Max Planck）认识了爱因斯坦。我在柏林大学聆听过爱因斯坦的演讲，他总是孜孜不倦地试图消除我的疑惑。”

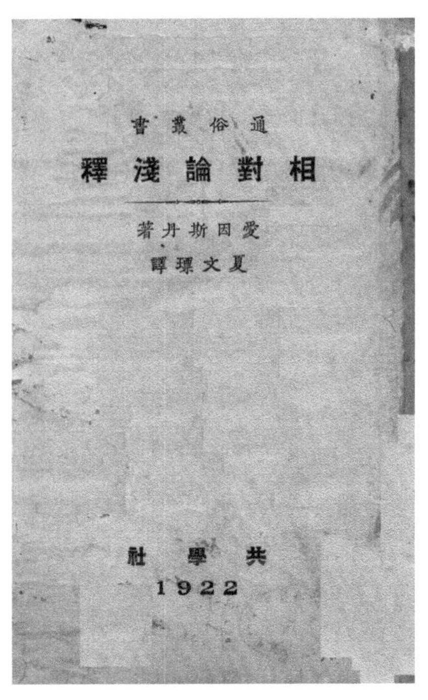

通俗叢書

相對論淺釋

愛因斯丹著

夏文瑮譯

共學社

1922

这本小册子出版后，读者抱怨说书中的内容很难理解。为了回应这些抱怨并帮助读者，《改造》杂志的编辑们建议夏元瑮为爱因斯坦的观点提供更容易理解的解释。这导致夏元瑮撰写了《安斯坦相对论及安斯坦传》[1]，此文于 1922 年 4 月发表在《改造》杂志上。

夏元瑮的文章开头如下 ：“爱因斯坦的相对论是当今物理学中最新、

[1] 当时将爱因斯坦翻译为安斯坦。——译注

最先进、最深刻的理论。对于那些刚刚开始研究这一理论的人来说，可能有太多的微妙之处和意想不到的曲折。人们总是担心自己可能只捡到了一些细节而丢掉了主题思想。因此，我要做的第一件事就是总结相对论的重要想法，尽管存在重复的风险。”在谈到相对论的重要性时，他热情洋溢地评论道："由德国物理学家爱因斯坦创立的相对论，确实是人类最伟大的发明之一。由于出现了广义相对论，因而神秘的引力也有了它的新解释，物理学和几何学变得密不可分。”

夏元瑮的文章可以看作他翻译这本小册子的必然结果，对公众理解相对论做出了重大贡献。

日文译本

1921 年 7 月初，岩波书店以《相对论讲座》为题出版了爱因斯坦的这本小册子的第一个日文版。该书获得了非同寻常的成功——在一个月之内 6 次加印。译者是桑木彧雄和池田芳郎。1909 年，爱因斯坦居住在瑞士伯尔尼时曾见过桑木彧雄。爱因斯坦非常感谢桑木彧雄完成了这个翻译项目。他写道："你和你的同事把我的小册子翻译成了日文，对此我感到极为高兴。我仍然清楚地记得你来访伯尔尼，特别是因为你是我认识的第一个日本人，实际上是第一个东亚人。那时，你的渊博的理论知识使我大吃一惊。" [1]

爱因斯坦同意桑木彧雄将他的更多著作翻译成日文的要求，这项雄心勃勃的计划是由另一家出版商改造社发起的，其成果是四卷本的《爱因斯坦论文集》和 1922 年 12 月发行的《改造》杂志的一期特刊。那是在日本的大正时期。在此期间，日本向西方文化、意识形态和科学敞开

[1] Einstein to Ayao Kuwaki, December 28, 1920, CPAE vol. 10, Doc. 246, p. 342.——原注

了大门。这一进程实际上开始于此前的明治时期，但在大正时期大幅加速。改造社的编辑向爱因斯坦发出了访问日本的邀请，对此爱因斯坦欣然接受。1922 年 11 月，他开始了为期 43 天的访问，德国驻日本大使将其描述为“一名将军打赢胜仗归来的一次检阅……包括从最高权贵到黄包车苦力在内的全日本人民都自发参与了”。[1]

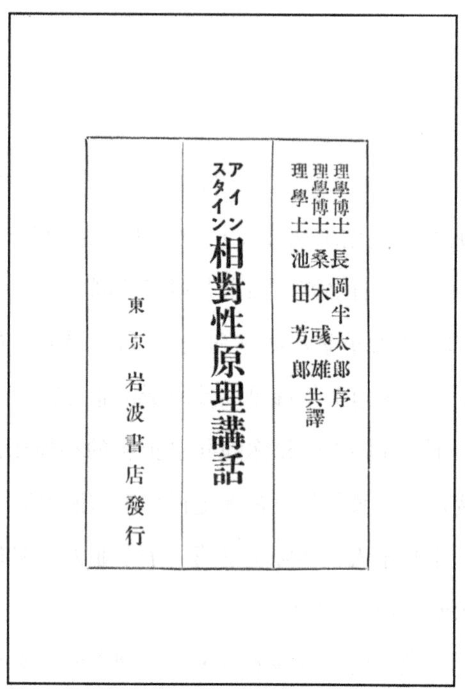

理學博士 長岡半太郎 序
理學博士 桑木彧雄
理學士 池田芳郎 共譯
アインスタイン 相對性原理講話
東京 岩波書店發行

在爱因斯坦访问日本的时候，一个渴求科学知识的社会阶层已经形成，他们对爱因斯坦的思想表现出极大的兴趣。改造社的代表在给爱因斯坦的邀请信中写道，他们的杂志几乎每个月都发表有关相对论的文章。

[1] 引自Kaneko, Tsutomu. “Einstein and Japanese Intellectuals,” in *The Comparative Reception of Relativity*, 352.——原注

因此，“现在解释或讨论相对论是学术研究和学术兴趣的中心，在我国甚至是最得众望的”。[1]爱因斯坦从他在柏林遇到的长冈半太郎那里得到了类似的信息。长冈半太郎曾在柏林与马克斯·普朗克一起研究数学物理。长冈半太郎回到东京大学，成为了日本物理学界的元老。他在给爱因斯坦的信中写道：“由于翻译出各种著作、通俗讲座和书籍，日本人对相对论产生了极大的兴趣。”[2]

长冈半太郎为爱因斯坦的小册子的日文版撰写了前言，他在其中首先描述了爱因斯坦及其思想的普遍受欢迎程度。然后，他回忆起自己最近在英国的一次访问，那里的一位书商告诉他，人人都在阅读这本小册子。人们对这种在德国发展起来的理论的兴趣并没有受到两年前英德国之间的战争这一境况的影响，这个事实给了长冈半太郎特别深刻的印象。他也提到了通过观测日食证实了爱因斯坦理论的那几位英国天文学家。

长冈半太郎还报告了他的美国之行，在那里他看到了迈克尔孙－莫雷实验的装置。这个实验引导菲茨杰拉德和洛伦兹得出了长度收缩假说（见小册子第 16 节）。他强调了洛伦兹在为狭义相对论铺平道路方面所发挥的作用，尽管他的理论“在逻辑上或哲学上不像爱因斯坦的理论那样完整”。长冈半太郎只是简要地提到了相对论引力理论所隐含的巨大进步。

他引用当时已经被主流儒家思想禁了 2000 年的中国古代具有哲学意义的著作《纬书》中的内容，写道：“地球一直在运动，但人们并不

[1] Kôshin Murobuse to Einstein, before September 27, 1921, vol. 12 （German edition）, Doc. 245, p. 289.——原注

[2] Hantaro Nagaoka to Einstein, March 26, 1922, CPAE vol. 13, Doc. 115, p. 119. ——原注

知道。人们坐在一艘大船中的一间封闭的房间里，他们感觉不到船在航行。”他继续写道：“当我们想到这句话时，我们不可能看不出它与爱因斯坦的假设是异曲同工的。令人遗憾的是，为了阻止各种非传统哲学和物理思想的爆发而发布的禁令和执行的压制手段一直持续不断。”

最后，长冈半太郎评论道，虽然这本小册子是为普通读者写的，但仍然不容易理解。他希望，尽管存在着这样的困难，但是还会有更多的爱因斯坦译著在日本出版，并希望许多日本人终究会理解相对性原理的意义。

波兰文译本

与其他国家一样，由于 1919 年日食期间做出的一些观测结果证实了光的引力弯曲的预言，波兰的知识分子突然对相对论产生了浓厚的兴趣。报刊文章、畅销书籍和一些相关的小册子，以及公开辩论和争议都反映了这种情况。这样的活动在利沃夫尤其多——这是一个活跃着学术和知识活动的城市。在相对论的坚定追随者中，有一位技术力学教授——马克西米利安・蒂图斯・胡贝尔（Maksymilian Tytus Huber）。一位波兰哲学家在大众媒体上发表了一篇猛烈抨击爱因斯坦理论的文章。对此，胡贝尔在同一家报纸上发表了 5 篇文章，解释和捍卫爱因斯坦及其理论。其他对相对论的攻击促使胡贝尔发表了一系列通俗的演讲，但他对公众理解爱因斯坦理论的最重要的贡献是他对这本小册子的翻译，这个译本于 1921 年 11 月付梓。

胡贝尔写了一篇相对较长的引言，他在其中表达的愿望是，他为传播一位在科学中开辟了新道路的伟大思想家的思想做了“些许”工作。

A. EINSTEIN.

O SZCZEGÓLNEJ I OGÓLNEJ
TEORJI WZGLĘDNOŚCI

(WYKŁAD PRZYSTĘPNY)

Z UPOWAŻNIENIEM AUTORA
PRZEŁOŻYŁ Z 11-GO WYDANIA ORYGINAŁU
INŻ. DR. M. T. HUBER
PROFESOR POLITECHNIKI LWOWSKIEJ

WYDANIE DRUGIE
PRZEJRZANE I UZUPEŁNIONE DJALOGIEM O ZARZUTACH
PRZECIWKO TEORJI.

LWÓW – WARSZAWA.
KSIĄŻNICA POLSKA TOWARZYSTWA NAUCZYCIELI SZKÓŁ WYŻSZYCH.
MCMXXII.

对于许多读者而言，（这篇引言）将作为对这本小册子的必要补充。这本小册子并不是通常意义上的“通俗易懂”，而是像有人开玩笑时说的那样，“对物理学家们而言是通俗的”。这本小册子不能作为饭后读物，即使对受过科学教育的人来说也是如此，但它可以为那些不惜花费脑力劳动的读者提供一些深刻的精神满足时刻，这是成功地理解了伟大自然秘密的研究者感受过的那种精神满足。通往相对论顶峰的道路并不平坦，它的创造者正在带领我们沿着这条道路前进，但如果不是他本人的话，没有人能更好地阐明这个统一的世界形象，这个形象在那些顶峰下把自己展现在我们心灵的眼睛之前。

胡贝尔的引言中还包括爱因斯坦传记，但主要强调的是对相对论的各种不同反对意见。

> 与学术界日渐高涨的兴趣同时出现的是越来越多的人抱怨这一理论难以理解和不易接受。事实上，那些不理解它的人……越过界线，进入了反对者的阵营，或者加入一些（尽管为数极少）对相对论仍然持怀疑态度的物理学家的阵营。人们常常从这些人那里听到一种众所周知而又毫无根据的普遍说法：伟大的科学发现是以简单因此也容易接受为特征的。麦克斯韦的光的电磁理论创立至今已有半个多世纪了，是上个世纪最杰出的成就之一，而直到今天这一理论还没有被纳入学校课程之中。有没有可能向不懂数学的人清晰而通俗地解释这种理论？知识的历史告诉我们，人类思想的历史成就通常会遭到同时代人的反对。这也是相对论遇到的情况，心理因素也在其中起了一定的作用。

胡贝尔还强调了爱因斯坦及其思想遭遇的部分反对意见中有反犹太因素，在德国和波兰都是如此。关于这一点，他写道：

> 由于他以纯粹知识的国际性的名义而持有的调停立场，部分也是由于那些简直不懂相对论的二流科学家的敌意，针对他的敌意示威活动爆发了。这在战争的背景下是可以理解的……但是，我们在这里不可能对这些症状无动于衷，因为它们对我们的民族文化构成了真正的威胁。通过种族偏见或民族偏见的棱镜来评判科学成就会导致什么结果？最近，当人们对相对论产生最初的普遍兴趣时，我在利沃夫就注意到这样的一种评判。

胡贝尔结束他的引言时表达了以下愿望："在这块重生的、再次统一的祖国土地上，为了有益于我们的科学文化，希望这本出版物的出版能成为打破天真的偏见和伪哲学的迷信的良好开端。他在这里指的是波兰在分裂 120 多年后的重新统一。

一年后的 1922 年，波兰文第 2 版出版。在这一版中，胡贝尔将爱因斯坦 1918 年的文章作为一个附录加入。这篇文章的写作形式是一位"相对论者"与一位"批评者"之间的对话，前者对后者的批评言论做出回应。[1]

[1] Einstein, Albert. "Dialogue about Objections to the Theory of Relativity." *Die Naturwissenschaften* 6 （1918）. English translation in CPAE vol. 7, Doc. 13.——原注

捷克文译本

1923 年，爱因斯坦的这本书的捷克文译本出版。这是爱因斯坦罕见的几次撰写特别序言的情形之一。他很愉快地这样做了，回忆起 1909 年 4 月至 1912 年 8 月他在布拉格的查理大学德国分部[1]担任教授的那段时间。

爱因斯坦在布拉格的工作是通向他完成广义相对论的重要一步。他在那里写了 11 篇科学论文，其中 6 篇是专门研究相对论的。第一篇论文发表于 1911 年，他在其中讨论了光线弯曲和引力红移，这是他早在 1907 年就已经从等效原理推导出来的，现在他把它们当作可观测的效应来研究。当他回到苏黎世后，他意识到引力场表现为弯曲时空的几何性质。这是广义相对论发展中的一个里程碑。

爱因斯坦在为捷克文版所写的前言中描述了他在布拉格的工作：

这本小册子现在能以这个国家的民族语言出版了，这使我

[1] 布拉格的查理大学创立于1843年，1882年奥地利政府命令将其分成两个分部，即德国大学和捷克大学。1918年第一次世界大战结束，奥匈帝国解体，捷克斯洛伐克成立，德国大学不复存在。——译注

感到分外高兴。它在没有用到数学公式来表述的情况下阐明了相对论的基本思想。在这个国家，我找到了逐步使广义相对论具有更精确的形式的必要思路。这一尝试所基于的基本思想，我在 1908 年（他一定是指 1907 年）已经采用了。在位于维尼科纳大街的布拉格德国大学理论物理研究所的安静房间里，我在 1911 年发现等效原理要求光线掠过太阳时的偏折达到可观测的量级。我当时并不知道，从牛顿力学出发，再结合牛顿的光发射理论，类似的结果在 100 多年前也曾被预料到。在布拉格，我还发现谱线红移的结果尚未得到完全确认。然而，直到 1912 年回到苏黎世之后，我才偶然发现了一个决定性的想法，即有关我的理论的数学问题与高斯的曲面理论之间的类比。最初我并不知道黎曼、里奇和列维的研究。他们的研究是通过我在苏黎世的朋友格罗斯曼才引起我的注意的，当时我向他提出这个问题，不料却发现了一般的广义协变的张量，而其各分量仅依赖二次基本不变量的系数的导数。今天看来，我们可以清楚地认识到这一理论的成就和局限性。该理论对空间、时间、物质和引力的物理性质提供了深刻的洞悉，但尚无足够的方法来解决构成物质的各种基本电结构的量子和原子的构造问题。

希伯来文译本

将爱因斯坦的书翻译成希伯来文的想法早在 1921 年就有了，当时“跨区域”出版公司 Renaissance 写信给爱因斯坦的秘书（当时是他的继女伊尔莎）询问将这本小册子翻译成希伯来文和意第绪文的版权问题。伊尔莎将这一请求转发给了菲韦格出版公司的主管弗里德里希·菲韦格（Friedrich Vieweg）。她补充说：“如果你能同意对翻译成这两种语言的著作不要求任何酬金，这对爱因斯坦教授来说会是一个特别的帮助，而爱因斯坦教授本人打算放弃他的那一部分报酬。”[1] 我们不知道出版商的反应如何，但是这一提议没有得以实现。

1926 年 2 月，爱因斯坦收到维也纳的雅各布·格伦伯格（Jakob Gruenberg）的请求，要求允许他把爱因斯坦的小册子翻译成希伯来文。[2] 格伦伯格自我介绍说，他拥有海德堡大学的博士学位，他在那里学习过数学、物理和化学。他已经为《犹太教百科全书》（*Enzyklopädie des*

[1] The Secretary（Ilse Einstein）to Friedrich Vieweg, October 5, 1921, in CPAE vol. 12, Doc. 258, p. 166.——原注

[2] Unpublished letter from Jakob Gruenberg to Einstein, July 2, 1926.——原注

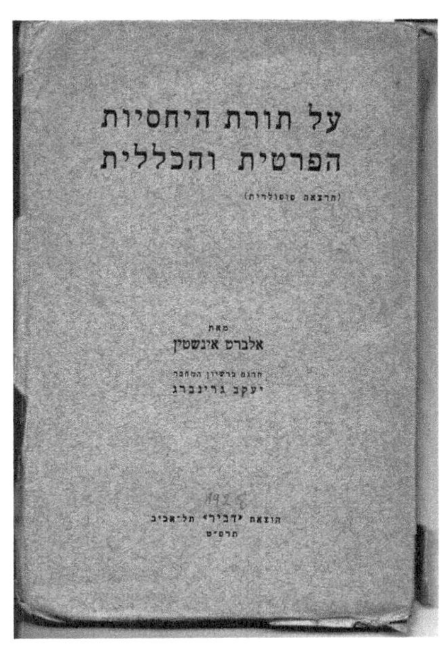

Judentums）写过关于爱因斯坦及其理论的条目。这发生在位于耶路撒冷的希伯来大学成立一年之后，爱因斯坦是该校的创始人之一，是其国际理事会的成员之一和该理事会的学术委员会主席。难怪爱因斯坦全心全意地接受了这个建议。显然，在这种情况下，他自己处理了这件事，没有要求菲韦格出版公司介入。在 7 月的一封后续信件中，格伦伯格通知爱因斯坦，特拉维夫的一家出版社愿意承担这个项目，并请他（也代表出版社请他）为希伯来文版写一篇引言。

在这封信的背面，格伦伯格就引言的措辞提出了建议，爱因斯坦没有做任何改动就采纳了。爱因斯坦在引言中写道：“我的这本书以我们祖先的语言出版，令我的内心充满了特别的喜悦。这是这种语言发生变化的一个标志。它不再局限于为我们的人民表达与我们这个民族有关的问题，而是做好了准备，要包括对人类有利的一切问题。它作为我们争取在文化上独立的一个重要因素而发挥着作用。”

格伦伯格在他自己写的序言中表达了他对于希伯来文将成为爱因斯坦思想的一个竞技场而产生的兴奋之情。爱因斯坦不仅将希伯来文珍视为他祖先的语言，而且将其视为文化复兴的语言。他描述了将如此复杂的科学文本翻译成希伯来文的困难和挑战，这是一种数千年来从未有人说过的、当时正处于适应科学论述的初级阶段的语言。

结束语

因此，对爱因斯坦的这本小册子的一些译本做出的这篇简短概述，证实了通过更广泛地研究相对论比较而言得到接纳的情况使我们认识到：接受一种新的科学理论不是被动地吸收信息，而是一种主动的占有，并且往往是一场智力上的拼搏。这种占有是由一个科学的、公共的团体先前共享的知识、其社会结构（例如专业化程度）以及科学本身在所述社会中的地位和价值所决定的。因此，一种新的科学理论会不可避免地进入一个存在紧张关系的领域，它在这个领域中可能成为一些先前存在的利益共享者的盟友或敌人。

爱因斯坦的相对论尤其如此。就在第一次世界大战之后，在狂热的民族主义和国际主义并存的时期，这些理论在世界范围内传播，同时也是检验科学在全球现代化进程中的作用的试金石。在国家间激烈的竞争中，科学仅仅是技术进步的有用工具吗？还是一项以合作为基础、旨在丰富共同知识的人类联合事业？当我们浏览爱因斯坦的小册子的这些令人印象深刻的外文翻译集时，我们觉得这些普遍问题必定已经打动了编辑和读者。

爱因斯坦的狭义和广义相对论也在其他方面挑战了公众对科学的理解。它们不符合科学的普遍形象，即进步是用越来越精确的测量或计算来衡量的，或者是通过一层一层地建造一座越来越宏伟的象牙塔来衡量的，但这座象牙塔仍然是建立在常识的坚实基础上的。然而，爱因斯坦的相对论恰恰对这一共同的基础提出了挑战，它们的挑战与其说是以精确测量为前提的，不如说是由新颖的观测和实验克服万难而确认的。虽然对当时的一些读者来说，这些仅仅意味着爱因斯坦的理论是不可理解的，或者完全是荒谬的，但与他们同时代的其他人可以——现在仍然可以——从这本小册子中了解到，科学在多大程度上也是一个对根深蒂固的偏见提出质疑的问题，以及一个独立思考的问题。

附加文档

沃尔特·拉特诺给爱因斯坦的一封信

爱因斯坦把这本小册子送给了他的朋友沃尔特·拉特诺。拉特诺是一位犹太裔德国实业家、作家和政治家。他在第一次世界大战后担任魏玛共和国的外交部长。1922 年 7 月 24 日，他在德国被右翼分子暗杀。

拉特诺在信中承认，他只读了这本小册子的第一部分（狭义相对论部分）。这封信反映出他的机智和幽默，以及他对爱因斯坦友好和感激的态度。

寄自沃尔特·拉特诺

［柏林］，1917 年 5 月 10—11 日

亲爱的、尊敬的爱因斯坦先生：

几个星期以来，我一直沉浸在您的思想之中。我刚念完布道者施立克的论述，权威之言就来了。它们现在就在我的面前，为此我衷心地感谢您。

首先是一条开场的评论，我并不打算让它成为陈词滥调：先知比布道者更清楚。我从来想不到可以像您这样，用这么简单的方法，用这么经典的建构，强行对思想进行如此彻底的重新安排——我强调“经典”一词，与您的“崎岖”一词相对照。

我已读到第39页，并没有说这对我来说很容易，但肯定是相对容易的——因为您所接触的一切都变成相对的。也许是我自己把事情复杂化了，因为各种不同来源的原始想法使我接近了您的力场，也因为现在我必须接受辐射效应，并将它们吸收到现有的推理链中。

我可以告诉您一点关于这种原始想法的情况吗？在您的光环的照耀下，它们看起来就像可怜的、摘下面具的幽灵一般——不过也许我可以让您微笑一两分钟，以此表达由于我的喜悦和钦佩之情而对您产生的奇异感谢之情。现在，我还会在午夜时分想起这些事吗？让我们列举一下，那就行了。

1. 陀螺仪在我看来总是毫无意义的。如果制造得很精密，那么它怎么知道自己正在旋转呢？它如何区分出空间中它不想让自己倾斜的那个方向呢？即使我把它放在一个箱子里，让它看不见，它也知道北极星在哪里。我一直有一种神秘的感觉，它只有在有旁观者的时候才会旋转。但如果是这样，它就必须以一些阻抗力来保护自己，防止这些旁观者从无穷远处靠近。这样的力存在吗？

2. 自从连廊列车出现以来，我发现在车厢走廊上行走不仅是一种折磨，而且会是一个令人困惑的难题，因此也就成了一种乐趣。我常常想象有一列从柏林开出的连廊列车，但它不是一路开到巴黎，而是只开到圣昆廷，它里面还有一列较小的列车，开往韦尔维耶，等等。那么，你很快就会到达巴黎。好吧，不管怎样，这是有终点的——所以我没有损失什么。

3. 昆虫越小，移动得就越快。人们常常为蜉蝣感到难过。有时我对自己说：也许并没有那么糟糕，说到底，时间是随着质量缩减的。或者这只是时间的意义所在？如果我们不得不为这样一只小虫子演奏第五交响曲的快板，那就得在一分钟内完成，否则的话，它会误以为是在演奏C大调葬礼进行曲。

好吧，时间确实取决于运动！但是，我们不会注意到这点！尽管如此，驾驶汽车还真有一种转瞬即逝的乐趣。

（现在它正在变得越来越荒谬和混乱，我认为您不该继续往下读了。但归根结底，一切想法都源于疯癫错乱的因素，只有这里缺失的关键黏合剂才能把它们黏在一起。）

4. 有一件事是完全不相干的，但在我看来有着一种疏远的联系：我总是对熵这件事有一种情绪上的抵触。在我看来，它似乎只有在浴缸里才是正确的。此外，如果光线射向远处而一直没有遇到物体，则会发生什么？只要存在着一种介质：那好。但是为什么它不应该结束或者被阻断呢？

5. 一种形而上学的轻浮：我的感觉告诉我，一切都在绝对中静止。例证，我在意大利之旅中走遍了这片土地的四面八方，分分秒秒地感受它、记录它，然后把它分成几部分。我回到家后就有了一个概念：意大利。这是一种印象，如同一种水果的味道或一个女人的性格。我可以再次浏览它（使用记忆的各部分），当我想回答个别问题时也可以这样做。但除此之外，意大利就静止于我的心中，它存在着、活着，但静止不动。我拥有其整体（不幸的是只能象征性地说，因为旅行和生命是有限的）——或者说我至少拥有一个整体。

您对两道闪电和一列火车的描述真的把我吸引住了（顺便说一下，

我把它变成了两次炸药爆炸和一列沙皇的火车)。这两次惊吓沙皇对于刺客而言只不过是单一的一件事。他的静止不动(在两种意义上)更为重大。现在我进一步展开。刺客站在火车外面。现在我把他放在地球自转之外,然后放在地球轨道之外,然后超越匀速直线运动,超越……这个人难道不会被越来越深的寂静所包围吗?

再一次转换话题:时间(在认识论上)消散了。可以这么说,它只有通过运动才有存在性。然而,运动又以时间为前提,因为它等于$\frac{s}{t}$。难道我们不必(在认识论上)找到一种解决方法,把运动理解为力的一种表现形式(因此与正常情况相反),从而只注意到存在着包含不同数量的力(形而上学的电荷)的元素,从而最终会出现一种单子论?

好了,说得够多了。我没有给您一个令您感到愉快的感谢,反倒让您看到了一个精神错乱的人,这一定把您吓着了。尽管如此,我还是寄出了这封信,因为必须向您亲身证明一件事:您的想法对一个防护不力的大脑所产生的巨大影响。为了保持平衡,必须戴上钢盔(*stahlhem*),或者至少戴上太阳帽。

我向您致以诚挚的敬意。

拉特诺

爱因斯坦笔迹的样本页

爱因斯坦的手稿中的这一页由希伯来大学爱因斯坦档案馆惠允复制在此，这是现存的唯一一页原稿。它包含第 31 节的一部分，从第 112 页方程式后面的文字开始。

(3)

finden, d. h. einen Wert der kleiner ist als π, und zwar umso erheblicher, je grösser der Radius des Kreises im Vergleich zum Radius R der „Kugelwelt" ist. Aus dieser Beziehung können die Kugelgeschöpfe den Radius R ihrer Welt bestimmen, auch wenn ihnen nur ein relativ geringer Teil ihrer Kugelwelt für ihre Messungen zur Verfügung steht. Ist aber dieser Teil allzu klein, so können sie nicht mehr konstatieren, dass sie sich auf einer Kugelwelt und nicht auf einer euklidischen Ebene befinden; ein kleines Stück einer Kugelfläche unterscheidet sich nur wenig von einem gleich grossen Stück einer Ebene.

Wenn also die Kugelgeschöpfe auf einem Planeten wohnen, dessen Sonnensystem nur einen verschwindend kleinen Teil der Kugelwelt einnimmt, so haben sie keine Möglichkeit, darüber zu entscheiden, ob sie in einer endlichen Welt oder einer unendlichen Welt leben, weil das Stück Welt, was ihrer Erfahrung zugänglich ist, in beiden Fällen praktisch eben, bezw. euklidisch ist.

Die Anschauung zeigt unmittelbar, dass für unsere Kugelgeschöpfe der Kreisumfang mit dem Radius zunächst bis zum „Weltumfange" wächst, um dann bei noch weiter wachsendem Radius allmählich wieder bis zu null abzunehmen. Die Kreisfläche wächst dabei immer mehr, bis sie schliesslich gleich wird der Gesamtfläche der ganzen Kugelwelt.

Vielleicht wird sich der Leser wundern, dass wir unsere Geschöpfe gerade auf eine Kugel und nicht auf eine andere geschlossene Fläche gesetzt haben. Aber dies hat seine Berechtigung, weil die Kugel gegenüber allen anderen geschlossenen Flächen durch die Eigenschaft ausgezeichnet ist, dass all ihre Punkte gleichwertig sind. Das Verhältnis des Umfanges u eines Kreises zu seinem Radius r ist zwar von r abhängig, aber bei gegebenem r für alle Punkte der Kugelwelt dasselbe; die Kugelwelt ist eine „Fläche konstanter Krümmung").

Es gibt zu dieser zweidimensionalen Kugelwelt ein dreidimensionales Analogon, den dreidimensionalen sphärischen Raum, welcher von Riemann entdeckt worden ist. Seine Punkte sind ebenfalls alle gleichwertig. Er besitzt ein endliches Volumen, welches durch seinen „Radius" R bestimmt ist ($2\pi^2 R^3$). Kann man sich einen sphärischen Raum vorstellen? Sich einen Raum vorstellen heisst nichts anderes als sich einen Inbegriff „räumlicher" Erfahrungen vorstellen, d. h. von Erfahrungen, die man beim Bewegen „starrer" Körper haben kann. In diesem Sinn ist ein sphärischer Raum vorstellbar.

Von einem Punkt aus ziehen wir Gerade (spannen wir Schnüre) nach allen Richtungen und tragen auf jeder derselben die Strecke r mit dem Massstabe auf. Alle freien Endpunkte dieser Strecken liegen auf einer Kugelfläche. Die Fläche dieser (F) können wir mit einem Massstabquadrat besonders ausmessen. Ist die Welt euklidisch, so ist $F = \pi r^2$; ist die Welt sphärisch, so ist F stets kleiner als πr^2. F wächst mit wachsendem r bis zu einem durch den „Weltradius" bestimmten Maximum, um bei weiter wachsendem Kugelradius r allmählich wieder bis zu null abzunehmen. Die vom Mittelpunkt ausgehenden radialen Geraden entfernen sich zunächst immer weiter

小册子附录3的原稿[1]

这本小册子的附录3（广义相对论的实验证实）是爱因斯坦应译者罗伯特·劳森的要求，为英文第1版撰写的。它也被收录在德文第10版中。这份手稿被送到这位译者那里，此后几经转手，最终在1934年由内莉·加特纳（Nellie Gaertner）为了纪念她的父亲赫尔曼·朱利叶斯·加特纳（Herman Julius Gaertner）而捐献给奥格尔索普大学。赫尔曼·朱利叶斯·加特纳为该校在现址的重建做出了贡献。他是该校在1915年聘请的第一批教师之一，并且他在该校教育、研究生学习、德语、数学和心理学方面的职业生涯持续了34年。

[1] 爱因斯坦手稿，日期在1920年2月4日至4月22日之间，由佐治亚州亚特兰大市的奥格尔索普大学菲利普·韦特纳图书馆档案室惠允提供。

1)

Über die Bestätigung der allgemeinen Relativitäts-Theorie durch die Erfahrung

Den Prozess des Werdens einer Erfahrungswissenschaft denkt man sich bei schematisch erkenntnistheoretischer Betrachtungsweise als einen fortgesetzten Induktionsprozess. Die Theorien erscheinen als Zusammenfassungen einer grossen Menge von Einzelerfahrungen in Erfahrungsgesetze, aus denen durch Vergleichung die allgemeinen Gesetze ermittelt werden. Die Entwicklung der Wissenschaft erscheint von diesem Standpunkte aus ähnlich einem Katalogisierungs-Werk, als ein Werk der blossen Empirie.

Diese Auffassung erschöpft aber den wirklichen Prozess keineswegs. Sie verschweigt nämlich die wichtige Rolle, welche Intuition und deduktives Denken in der Entwicklung der exakten Wissenschaft spielen. Sobald nämlich eine Wissenschaft über das primitivste Stadium hinausgekommen ist, entstehen die theoretischen Fortschritte nicht mehr durch eine bloss ordnende Thätigkeit. Der Forscher entwickelt vielmehr, angeregt durch Erfahrungs-Thatsachen, ein Gedankensystem, das logisch auf eine meist geringe Zahl von Grundannahmen, die sogenannten Axiome aufgebaut ist. Ein solches Gedankensystem nennen wir eine Theorie. Die Theorie schöpft ihre Daseinsberechtigung daraus, dass sie eine grosse Zahl von Einzelerfahrungen verknüpft; hierin liegt ihre „Wahrheit".

Es kann nun zu demselben Komplex von Erfahrungsthatsachen verschiedene Theorien geben, die sich sehr bedeutend voneinander unterscheiden. Die Übereinstimmung der Theorien in den der Erfahrung zugänglichen Konsequenzen kann eine so weitgehende sein, dass es schwer fällt, der Erfahrung zugängliche Konsequenzen zu finden, bezüglich welcher sich die beiden Theorien voneinander unterscheiden. Ein solcher Fall von allgemeinem Interesse liegt beispielsweise auf dem Gebiete der Biologie vor in der Darwin'schen Theorie der Entwicklung der Arten durch Zuchtwahl im Kampf ums Dasein und in derjenigen Entwicklungstheorie, die sich auf die Hypothese von der Vererbung erworbener Eigenschaften gründet.

Ein derartiger Fall von weitgehender Übereinstimmung der Konsequenzen liegt vor bei der Newton'schen Mechanik einerseits und der allgemeinen Relativitätstheorie andererseits. Diese Übereinstimmung geht so weit, dass bisher nur wenige der Erfahrung zugängliche Folgerungen der allgemeinen Relativitätstheorie haben gefunden werden können, zu denen die frühere Physik nicht führt – trotz der tiefgehenden Verschiedenheit der Grundvoraussetzungen der Theorien. Diese wichtigen Konsequenzen wollen wir hier noch einmal betrachten und auch die bisher darüber gesammelten Erfahrungen kurz besprechen.

1. Die Perihel-Bewegung des Merkur.

Nach der Newton'schen Mechanik und dem Newton'schen Gravitationsgesetz würde ein einziger um eine Sonne kreisender Planet eine Ellipse (und die Sonne um den gemeinsamen Schwerpunkt von Sonne und Planet) beschreiben; die Sonne (bezw. der gemeinsame Schwerpunkt) liegt hiebei in dem einen Brennpunkt der Bahnellipse, derart, dass der Abstand Sonne–Planet im Laufe eines Planetenjahres von einem Minimum zu einem Maximum wächst und dann wieder zu dem Minimum zurückgeht. Setzt man statt des Newton'schen Anziehungsgesetzes ein etwas anderes in die Rechnung ein, so findet man, dass die Bewegung nach diesem Gesetze immer noch so stattfindet, dass der Abstand Sonne–Planet periodisch hin und her schwankt. aber der bei einer solchen Periode (vom Perihel zum Perihel) von der Linie Sonne–Planet beschriebene Winkel würde von 360° abweichen. Die Linie der Bahn wäre dann keine geschlossene, sondern würde im Laufe der Zeit einen ringförmigen Teil der Bahnebene (zwischen dem Kreise des kleinsten und dem Kreise des grössten Planetenabstandes) ausfüllen.

Nach der allgemeinen Relativitätstheorie, welche ja von der Newton'schen etwas abweicht, soll nun ebenfalls eine derartige kleine Abweichung von der Kepler–Newton'schen Bahnbewegung stattfinden, derart, dass der vom Radius Sonne–Planet zwischen einem Perihel und dem folgenden von einem vollen Umlaufswinkel (d. h. vom Winkel 2π in dem in der Physik üblichen absoluten Winkelmasse) um

$$+\frac{24\pi^3 a^2}{T^2 c^2 (1-e^2)}$$

abweicht. (Hiebei ist a die grosse Halbachse der Ellipse, e deren Exzentrizität, c die Lichtgeschwindigkeit, T die Umlaufsdauer). Man kann dies auch so ausdrücken: Nach der allgemeinen Relativität rotiert die grosse Achse der Ellipse im Sinne der Bahnbewegung um die Sonne. Diese Drehung soll nach der Theorie beim Planeten Merkur 43 Bogen-Sekunden in 100 Jahren betragen, bei den anderen Planeten unserer Sonne aber so klein sein, dass sie sich der Konstatierung entziehen muss.

Thatsächlich haben die Astronomen gefunden, dass die Newton'sche Theorie nicht ausreicht, um die beobachtete Bewegung des Merkur mit der der heutigen Beobachtung zugänglichen Exaktheit zu berechnen. Nach Berücksichtigung aller störenden Einflüsse, welche die übrigen Planeten auf Merkur ausüben, zeigte es sich (Leverrier 1859 und Newcomb 1895), dass eine unerklärte Perihelbewegung der Merkurbahn

3.)

übrig blieb, welche sich von den oben genannten +43 Sekunden (pro Jahrhundert) nicht merklich unterscheidet. Die Unsicherheit des empirischen Resultates beträgt wenige Sekunden.

2. Die Licht-Ablenkung durch das Gravitationsfeld.

In § 22 ist dargelegt, dass (nach der allgemeinen Relativitätstheorie) der Lichtstrahl durch ein Gravitationsfeld eine Krümmung erfahren muss, welche der Krümmung ähnlich ist, welche die Bahn eines durch das Gravitationsfeld geschleuderten Körpers erfahren muss. Ein an einem Himmelskörper vorbei gehender Lichtstrahl wird nach der Theorie nach diesem hin abgebogen; dieser Ablenkungswinkel α soll bei einem Lichtstrahle, der in einem Abstand von Δ Sonnenradien an dieser vorbeigeht

$$\alpha = \frac{1{,}7\ \text{Sekunden}}{\Delta}$$

betragen. Es sei hinzugefügt, dass diese Ablenkung nach der Theorie zur Hälfte durch das (Newton'sche) Anziehungsfeld der Sonne, zur Hälfte durch die von der Sonne bewirkende geometrische Modifikation („Krümmung") des Raumes erzeugt wird.

Dies Ergebnis erlaubt eine experimentelle Prüfung durch photographische Sternaufnahmen während einer totalen Sonnenfinsternis. Letztere muss nur deshalb abgewartet werden, weil zu jeder anderen Zeit die durch das Sonnenlicht bestrahlte Atmosphäre so stark leuchtet, dass die sonnennahen Sterne unsichtbar sind. Die zu erwartende Erscheinung ergibt sich leicht aus nebenstehender Figur. Wäre die Sonne S nicht vorhanden, so würde man einen praktisch unendlich weiten Stern in der Richtung R_1 sehen. Infolge der Ablenkung durch die Sonne sieht man ihn aber in der Richtung R_2, das heisst in einer etwas grösseren Entfernung von der Sonnenmitte, als der Wirklichkeit entspricht.

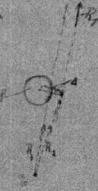

In Praxi geschieht die Prüfung in folgender Weise. Die Sterne in der Umgebung der Sonne werden bei einer Sonnenfinsternis photographiert. Es wird ferner eine zweite photographische Aufnahme derselben Sterne hergestellt, wenn die Sonne an einer anderen Stelle des Himmels ist (d. h. einige Monate später oder früher). Die bei der Sonnenfinsternis aufgenommenen Sternbilder müssen dann gegenüber den Vergleichsaufnahmen radial nach aussen (vom Sonnenmittelpunkte weg) verschoben sein um einen Betrag, der dem Winkel α entspricht.

Der Astronomischen Royal Society verdanken wir die Prüfung dieses wichtigen Ergebnisses ... auf den Krieg und durch diesen geschaffene Schwierigkeiten psychologischer Art ...

4)

hat sich meine [illegible] bedeutendsten Astronomen (Eddington, Crommelin, Davidson) angewandt und zwei Expeditionen organisiert, um bei der Sonnenfinsternis vom 29. Mai 1919 in Sobral (Brasilien) und auf der Insel Principe (Westafrika) die photographischen Aufnahmen zu machen. [illegible] Abweichungen der Sonnenfinsternisaufnahmen gegenüber den Vergleichsaufnahmen bezüglich der Sternörter auf der [illegible] Vergleichsaufnahme betragen nur wenige hundertstel Millimeter. Die [illegible], [illegible] an die Präzision der Aufnahmen und Vermessung gestellt wurden, waren also keine geringen.

Das Ergebnis der Messung bestätigte die Theorie in durchaus befriedigender Weise. Die Komponenten der [illegible] Abweichungen der Sterne [illegible] (sind in folgender Tabelle enthalten):

Nummer des Sterns	1. Koordinate		2. Koordinate	
	Beobachtet	Berechnet	Beobachtet	Berechnet

3) Die Rotverschiebung der Spektrallinien.

In § 23 ist gezeigt, dass in einem gegen ein galileisches System K rotierenden System K' die Geschwindigkeit des Ganges ruhender gleichbeschaffener Uhren vom Orte abhängig ist. Wir wollen diese Abhängigkeit quantitativ untersuchen. Eine Uhr, die im Abstande r vom Zentrum der Scheibe angeordnet ist, hat relativ zu K die Geschwindigkeit

$$v = \omega r,$$

wenn ω die Rotationsgeschwindigkeit der Scheibe (K') gegenüber K bezeichnet. Bezeichnet ν_0 die Zahl der Schläge der Uhr pro Zeiteinheit (Ganggeschwindigkeit) relativ zu K, falls die Uhr ruhend ist, so ist die Ganggeschwindigkeit ν der mit der Geschwindigkeit v relativ zu K bewegten, relativ zur Scheibe ruhenden Uhr gemäss § 12

$$\nu = \nu_0 \sqrt{1 - \frac{v^2}{c^2}}$$

oder mit hinreichender Genauigkeit

$$\nu = \nu_0 \left(1 - \frac{1}{2} \frac{v^2}{c^2}\right)$$

oder auch gleich

$$\nu = \nu_0 \left(1 - \frac{1}{c^2} \frac{\omega^2 r^2}{2}\right)$$

Bezeichnet man mit $+\Phi$ die Differenz des Potentials der Zentrifugalkraft zwischen dem Standort der Uhr und dem Scheibenmittelpunkt, d. h. die Arbeit, welche man entgegen der Zentrifugalkraft der Masseneinheit zuführen muss, um sie vom Standpunkt der Uhr auf der bewegten Scheibe zum Mittelpunkt zu transportieren, so ist

5.)

$$\Phi = -\frac{\omega^2 r^2}{2},$$

sodass man hat

$$\nu = \nu_0\left(1+\frac{\Phi}{c^2}\right)$$

Hieraus ersieht man zunächst, dass zwei gleich beschaffene Uhren in verschiedenem Abstand vom Scheibenmittelpunkt verschieden rasch laufen, welches Ergebnis auch vom Standpunkte eines mit der Scheibe rotierenden Beobachters Gültigkeit hat.

Da nun – von der Scheibe aus beurteilt – ein Gravitationsfeld existiert, dessen Potential Φ ist, so wird das gewonnene Resultat überhaupt für Gravitationsfelder gelten. Da wir ferner ein Spektrallinien emittierendes Atom als eine Uhr ansehen dürfen, so gilt der Satz:

Ein Atom absorbiert bezw. emittiert eine Frequenz, welche vom Potential des Gravitationsfeldes abhängt, in welchem es sich befindet.

Die Frequenz eines Atoms, das sich an der Oberfläche eines Himmelskörpers befindet, ist etwas kleiner als die Frequenz eines Atomes des gleichen Elementes, das sich im freien Weltraume (oder an der Oberfläche eines kleineren Weltkörpers) befindet. Da $\Phi = -\frac{KM}{r}$ ist, wobei K die Newton'sche Gravitationskonstante, M die Masse des Himmelskörpers, r den Abstand des Atoms vom Mittelpunkte des Himmelskörpers bedeutet, so müsste eine Rotverschiebung der an der Oberfläche von Sternen erzeugten Spektrallinien gegenüber den an der Erdoberfläche erzeugten Spektrallinien im Betrage

$$\frac{\nu-\nu_0}{\nu_0} = -\frac{K}{c^2}\frac{M}{r}$$

stattfinden.

Bei der Sonne beträgt die zu erwartende Rotverschiebung etwa zwei Milliontel der Wellenlänge. Bei den Fixsternen ist eine zuverlässige Berechnung nicht möglich, weil weder die Masse M noch der Radius r im Allgemeinen bekannt sind.

Ob dieser Effekt thatsächlich existiert, ist eine offene Frage, an deren Beantwortung gegenwärtig von den Astronomen mit grossem Eifer gearbeitet wird. Bei der Sonne ist die Existenz des Effektes wegen seiner Kleinheit schwer zu beurteilen. Während Grebe und Bachem (Bonn) auf Grund ihrer eigenen Messungen sowie derjenigen von Evershed und Schwarzschild an der Cyanbande die Existenz des Effektes für sicher gestellt halten, sind andere Forscher insbesondere St. John auf Grund ihrer Messungen der entgegengesetzten Ansicht.

Bei den statistischen Untersuchungen an den Fixsternen sind mittlere Linienverschiebungen nach der langwelligen Spektralseite sicher vorhanden. Aber die bisherige Bearbeitung des Materials erlaubt noch keine sichere Entscheidung darüber, ob jene Verschiebungen

(6)

wesentlich auf die Wirkung der Gravitation zurückzuführen sind. Eine Zusammenstellung des Beobachtungsmaterials nebst eingehender Diskussion vom Standpunkt der uns hier interessierenden Frage findet man in der Abhandlung von E. Freundlich „Zur Prüfung der allgemeinen Relativitätstheorie" (Die Naturwissenschaften 1919 Heft 35 S. 629 Verl. Julius Springer. Berlin).

Jedenfalls werden die nächsten Jahre die sichere Entscheidung bringen. Wenn die Rotverschiebung der Spektrallinien durch das Gravitationspotential nicht existierte, wäre die allgemeine Relativitätstheorie unhaltbar. Andererseits wird das Studium der Linienverschiebung, wenn ein Ursprung aus dem Gravitationspotential sicher gestellt sein wird, wichtige Aufschlüsse über die Masse der Himmelskörper liefern.

A. Einstein.

进一步阅读

爱因斯坦还出版了其他一些著作，试图为他的工作提供全面的介绍，其中包括：

Einstein, Albert. 1922. *The Meaning of Relativity: Four Lectures Delivered at Princeton University, May 1921 by Albert Einstein*. Translated by Edwin Plimpton Adams（1st ed.）. London: Methuen.

——. 1992. *Autobiographical Notes.A Centennial Edition*.Edited by Paul A. Schilpp. La Salle, IL: Open Court.

——. 1950. *Out of My Later Years*.New York: Philosophical Library.

——. 1954. *Ideas and Opinions: Based on "Mein Weltbild."* Edited by Carl Seelig and other sources.New York: Bonanza Books.

Einstein, Albert, and Leopold Infeld.1938. *The Evolution of Physics: The Growth of Ideas from Early Concepts to Relativity and Quanta*.New York: Simon & Schuster.

有关狭义相对论和广义相对论的比较易懂的介绍，请参阅下列书籍。

Giulini, Domenico. 2005. *Special Relativity: A First Encounter; 100 Years since Einstein*. New Haven, CT: Oxford University Press.

Schutz, Bernard. 2004. *Gravity from the Ground Up*. Cambridge: Cambridge University Press.

有关广义相对论的历史，请参阅下列著作。

Howard, Don, and John Stachel（series eds.）. 1989– .*Einstein Studies*. Center for Einstein Studies, Boston. New York: Birkhäuser

Renn, Jürgen（ed.）. 2007. *The Genesis of General Relativity*, 4 vols. Dordrecht: Springer

Gutfreund, Hanoch, and Jürgen Renn. 2015. *The Road to Relativity: The History and Meaning of Einstein's "The Foundation of General Relativity"Featuring the Original Manuscript of Einstein's Masterpiece*. Princeton, NJ: Princeton University Press.

以下是对爱因斯坦科学工作最全面的、最新的叙述。

Lehner, Christoph, and Michel Janssen（eds.）. 2014. *The Cambridge Companion to Einstein*. Cambridge: Cambridge University Press.

关于人们欢迎爱因斯坦的相对论的情况，请参阅下列书籍。

Biezunski, Michel. 1991. *Einstein à Paris: le temps n'est plus ...* Paris: Presses Universitaires de Vincennes.

Glick, Thomas F.（ed.）. 1987. *The Comparative Reception of Relativity*. Dordrecht: D. Reidel.

——. 1988. *Einstein in Spain: Relativity and the Recovery of Science*. Princeton, NJ: Princeton University Press.

Goenner, Hubert. 1992. "The Reception of the Theory of Relativity in German as Refl ected by Books Published between 1908 and 1945." In J. Eisenstaedt and A. J. Kox, eds. *Studies in the History of General Relativity*

(Einstein Studies vol. 3) .Boston: Birkhäuser.

——. 2005. *Die Relativitäatstheorien Einsteins*, 5th ed. Munich: Beck Verlag.

Goldberg, Stanley. 1984. *Understanding Relativity: Origin and Impact of a Scientific Revolution*. Boston: Birkhäuser.

Hu, Danian. 2005. *China and Albert Einstein: The Reception of the Physicistand His Theory in China 1917– 1979*. Cambridge, MA: Harvard University Press.

Linguerri, Sandra, and Raffaella Simili (eds.) . 2008. *Einstein parla italiano:Itinerary e polemiche*. Bologna: Pendragon.

Maiocchi, Roberto. 1985. *Einstein in Italia: La scienza e la fi losofi a italiane di fronte alla teoria della relatività*. Milan: F. Angeli.

Sanchéz- Ron, José. 1992. "The Reception of General Relativity among British Physicists and Mathematicians (1915 – 1930) . In J. Eisenstaedtand A. J. Kox, eds. *Studies in the History of General Relativity* (Einstein Studies vol. 3) . Boston: Birkhäuser, 57– 88.

Wazeck, Milena. 2014. *Einstein's Opponents: The Public Controversy about the Theory of Relativity in the 1920s*. Cambridge: Cambridge University Press.